Klüftung in
Sedimentgesteinen

Dietmar Meier und Peter Kronberg

Klüftung in Sedimentgesteinen

Erscheinungsformen, Datenaufnahme,
Datenbearbeitung, Interpretation

75 Abbildungen

 Ferdinand Enke Verlag Stuttgart 1989

Dr. Dietmar Meier
Prof. Dr. Peter Kronberg
Institut für Geologie und
Paläontologie der Technischen Universität Clausthal
Leibnizstraße 10,
3392 Clausthal-Zellerfeld

CIP-Titelaufnahme der Deutschen Bibliothek

Meier, Dietmar:
Klüftung in Sedimentgesteinen : Erscheinungsformen,
Datenaufnahme, Datenbearbeitung, Interpretation / Dietmar
Meier u. Peter Kronberg. — Stuttgart : Enke, 1989
    ISBN 3-432-97461-2
NE: Kronberg, Peter:

© 1989 Ferdinand Enke Verlag, P.O.Box 10 12 54, D-7000 Stuttgart 10 —
Printed in Germany
Druck: betz-druck gmbh, D-6100 Darmstadt 12

Vorwort

*...die haarfeine, schnurgerade Fuge im
Fels, diese steingewordene Geometrie,
sie verspricht viel und verrät wenig ...*

H. CLOOS

*... joints are fascinating structures,
intensively studied, yet still not
understood ...*

RECHES 1976

*... steeply dipping joint sets
are one of the most common,
yet least understood of all
geologic structures ...*

SEGALL 1984

*... joints may be the least useful of
all structures in interpreting the
stress and strain conditions of
past deformational events ...*

DAVIS 1984

Klüfte zählen sicherlich zu den häufigsten Deformationsstrukturen. Das Interesse an ihrer Entstehung geht bis an die Anfänge des Jahrhunderts zurück. Seit dieser Zeit ist eine Vielzahl von Publikationen zum Thema Klüftung erschienen. Dennoch bereitet die Interpretation von Klüftungsdaten auch heute noch erhebliche Probleme, weil viele grundlegende Fragen, die die Entstehung von Klüften, ihre Ursachen und Bildungsmechanismen betreffen, nach wie vor weitgehend ungeklärt sind. Andererseits werden Kluftnetzbearbeitungen derzeit mehr und mehr zum festen Bestandteil regionaler strukturgeologischer Untersuchungen. Auch bei praxisorientierten Aufgabenstellungen werden Daten über Klüftungsverhältnisse in zunehmendem Maße benötigt.

In der vorliegenden Publikation wird versucht, in knapper Form einen zusammenfassenden aktuellen Überblick über das Phänomen Klüftung zu geben. Der derzeitige Kenntnisstand wird dargestellt, offene Fragen und Problembereiche werden aufgezeigt. Das erste Kapitel befaßt sich mit Definitionsfragen. Im zweiten werden die einzelnen Parameter zur Beschreibung von Klüften und Kluftnetzen näher erläutert und typische Erscheinungsformen anhand von Beispieldaten demonstriert. Gesetzmäßigkeiten der Ausbildung und Anordnung von Klüften in Bereichen unterschiedlichen strukturellen Baustils sowie prinzipielle Verhaltensweisen von Klüften bei Verformungsvorgängen werden in Kapitel 3 diskutiert. Kapitel 4 beschreibt die derzeitigen Kenntnisse über die bei der Kluftbildung beteiligten Prozesse, Einflußgrößen und Bildungsmechanismen.

Methodische Hinweise für strukturgeologisch orientierte Klüftungsuntersuchungen, die weitgehend auf eigenen Erfahrungen einer Clausthaler Arbeitsgruppe basieren, sowie Aspekte der Bearbeitung von Kluftdaten sind Inhalt des fünften Kapitels. Kapitel 6 schließlich gibt eine kurze Übersicht über die Bedeutung von Klüften für praktische Aufgabenstellungen der angewandten Geologie. Ergänzt wird der Text durch ein umfangreiches Verzeichnis weiterführender Literatur. Es umfaßt vor allem neuere Literatur zum Thema Klüftung und Kluftentstehung unter Berücksichtigung wichtiger älterer Arbeiten. Merkmale von Klüften und Kluftnetzen sowie theoretische bruchmechanische Überlegungen und Ergebnisse experimenteller Untersuchungen, die bereits in der Literatur ausführlich behandelt wurden, werden in die hier vorgelegte Darstellung und Diskussion einbezogen, ohne aber erneut im Detail beschrieben zu werden.

Basis dieser Publikation sind Geländebeobachtungen an Kluftnetzen in sedimentären Festgesteinen und wenig verfestigten Lockersedimenten unterschiedlich verformter Gebiete. Anlaß zu den Geländeuntersuchungen waren auch überraschende Ergebnisse lokaler und regionaler struktureller Luftbildauswertungen verschiedener Geländebereiche mit wechselnden Formen der Schichtlagerung. Luftbild- und Geländedaten führten zu prinzipiellen Fragen nach den Ursachen und Bildungsmechanismen lokaler und regionaler Kluftnetze, insbesondere in tektonisch nicht merklich verformten Sedimentfolgen. Von Interesse war u. a. die Frage nach dem Alter der Kluftentstehung in flachlagernden Sedimenten. Untersucht wurde weiterhin auch die Rolle bereits existierender Klüfte im Rahmen späterer regionaler kompressiver und distensiver Beanspruchung von Sedimentfolgen und der Einfluß der schon existierenden Klüfte auf die Entwicklung jüngerer Klüfte in lokalen und regionalen Bereichen.

Die in der vorliegenden Publikation dokumentierten und diskutierten Klüftungsphänomene, die aufgezeigten Kriterien und Methoden der Erfassung und Interpretation von Klüften, Kluftscharen und Kluftnetzen dürften von prinzipiellem Interesse für alle Geowissenschaftler sein, die sich im Rahmen praktischer oder wissenschaftlicher Untersuchungen mit dem Problem 'Klüfte und Klüftung in Sedimentgesteinen' auseinanderzusetzen haben. Hier dürften einige Textstellen mit kritischen Anmerkungen zu bisher publizierten Methoden der Kluftaufnahme und -interpretation ebenso von Interesse sein wie auch Hinweise auf manche Klüftungsphänomene, die in der bisherigen Literatur wenig Beachtung fanden, deren Erfassung und Korrelation jedoch für eine sachgerechte Beurteilung der Klüftungsverhältnisse eines Gebietes von entscheidender Bedeutung sein kann. Schließlich soll die realistische Bildauswahl, ergänzt durch Schemazeichnungen, Studenten der Geologie Anregung zur genauen Geländebeobachtung und vielleicht auch zur Bearbeitung mancher der noch offenen Fragen geben.

Die nachfolgenden Darstellungen und Interpretationen der Klüftungsphänomene und ihres Bezuges zur geologischen Umgebung beruhen zu einem größeren Teil auf Ergebnissen lokaler und regionaler geologischer Untersuchungen, die von der Deutschen Forschungsgemeinschaft gefördert wurden. Die Autoren möchten daher der Deutschen Forschungsgemeinschaft für die finanzielle Unterstützung verschiedener Projekte im In- und Ausland danken. Danken möchten wir an dieser Stelle auch den Kollegen J. Theißen und A. Quest, Clausthal, die uns Daten über Erscheinungsformen von Klüften und Kluftnetzen zur Verfügung stellten, ebenso C. Schöpfer, Clausthal, für die enge Zusammenarbeit bei der Durchführung numerischer Untersuchungen zur Kluftentstehung. Ferner möchten wir uns bei einigen Fachkollegen bedanken, die durch kritische Diskussionen zur Klärung mancher Klüftungsphänomene bzw. zur Herausstellung von Problembereichen beitrugen: Dr. M. Huber (Zürich), Dr. G. Mandl (Feldkirch), Prof. J. Ramsay (Zürich) und Dr. M. Schönfeld (Clausthal). Schließlich sei Herrn G. Rose vom Geologischen Institut der TU Clausthal für die Durchführung der Photoarbeiten gedankt, die zur Verdeutlichung der Sachverhalte notwendig waren.

Clausthal, im März 1989

D. Meier und P. Kronberg

Inhalt

1 Zur Begriffsbestimmung Kluft und Klüftung

Die im allgemeinen geologischen Sprachgebrauch verwendete Definition des Begriffes Kluft basiert auf der klassischen Einteilung tektonischer Bruchformen durch CLOOS (1936):

"Als Klüftung bezeichnen wir jede Art von Fugenbildung im Gestein, soweit sich an der Fuge keine meßbare Verschiebung vollzog. Meßbare Verschiebung macht die Klüfte zu Verschiebungsflächen. Meßbares Auseinanderweichen der Wände macht sie zum Spalt, doch ist diese Grenze nicht scharf."

Dieser Definition entsprechend entsteht eine Kluft durch einen Bruchvorgang, bei dem der Zusammenhalt (die Kohäsion) im Gestein längs des Bruches aufgehoben wird, ohne daß eine 'merkliche', makroskopisch erfaßbare Lageveränderung der durch die Kluft getrennten Gesteinsblöcke eintritt. Genau betrachtet setzt sich **eine** Kluft aus **zwei** komplementären Bruchflächen (den **Kluftflächen**) mit einem dazwischenliegenden, wenn auch nur minimalen **Hohlraum** zusammen, dessen Entstehung eine geringe **Ausdehnung** (Dilatation) des geklüfteten Gesteinskörpers senkrecht zum Kluftverlauf bewirkt.

Als einziges Kriterium zur Abgrenzung einer Kluft von einer Störung dient in der ursprünglichen Definition von CLOOS eine erkennbare **Verschiebungskomponente parallel** zur Trennfläche. Klüfte werden deshalb vielfach als ein frühes Entwicklungsstadium von Störungen angesehen. Nach heutiger Auffassung bestehen zumindest zwischen dem weitaus überwiegenden Teil der Klüfte und Störungen über dieses Merkmal hinaus jedoch andere prinzipielle Unterschiede, sowohl in bezug auf die Ausbildung der verschiedenen Bruchflächen als auch in bezug auf die Spannungsverhältnisse und die Mechanismen, die zur Entstehung von Klüften einerseits und Störungen andererseits führen.

Zwischen Klüften und Störungen vermitteln in gewisser Weise **reaktivierte Klüfte**, Trennflächen, die als Klüfte im definierten Sinn angelegt, zu einem späteren Zeitpunkt aber unter veränderten **Spannungsverhältnissen** erneut in Deformationsvorgänge einbezogen wurden (kurz nach der Kluftbildung oder auch erst nach geologischen Zeiträumen). Reaktivierte Klüfte weisen daher meist die für Störungen charakteristischen Bewegungsspuren auf den Bruchflächen auf.

Als möglicher Betrag zur nomenklatorischen Grenzziehung zwischen **Klüften und Spalten** wird vielfach eine Öffnungsweite von 1 mm angenommen.

Der Begriff Kluft selbst umfaßt ein breites Spektrum von Trennflächen unterschiedlicher Erscheinungsformen und unterschiedlichen Ursprungs, von Trennflächen, die an spezielle lokale Strukturen oder Prozesse gebunden sind (beispielsweise Klüfte, die an der konvexen Seite einer gebogenen Schicht bei deren Überdehnung entstehen: Abb. 46) bis zu den Elementen **regionaler Kluftnetze**, die in oft bemerkenswerter Regelmäßigkeit flachlagernde Sedimenttafeln ohne erkennbare Beziehung zu anderen Strukturen durchsetzen (Abb. 27, 28).

Abb. 1 Kluftzone in einem Steinbruch bei Erwitte/Münstersches Kreidebecken (im unteren Bildabschnitt Aufsicht auf eine freiliegende Schichtfläche, im oberen ein Teil einer ehemaligen Abbauwand). Die Kluftzone ist durch lineare Erosion und Vegetationsaufreihung gekennzeichnet.

Zur näheren Charakterisierung verschiedener Formengruppen findet sich in der publizierten Literatur eine Vielzahl ergänzender Bezeichnungen zum Oberbegriff Kluft, die sich teils auf die Beschreibung geometrischer Eigenschaften, teils auf genetische Klassifizierungen beziehen. So werden beispielsweise die Begriffe Haupt- und Nebenkluft zur Beschreibung einer bestimmten Kluftmorphologie, die Begriffe Quer-, Längs- und Diagonalkluft zur Beschreibung der gegenseitigen Lagebeziehungen von Klüften und anderen geologischen Strukturen (Falten, Beulen, etc.) verwendet. Auf die verschiedenen heute gebräuchlichen Begriffe wird in den nachfolgenden Kapiteln jeweils im geeigneten Zusammenhang näher eingegangen.

Da Klüfte bevorzugte Transportwege für zirkulierende Lösungen darstellen, kann die Ausfällung von Lösungsbestandteilen innerhalb eines Klufthohlraumes zu einer teilweisen oder vollständigen Zementation ('Verheilung') der betreffenden Kluft führen. Eine genaue begriffliche Trennung von offenen und **verheilten** Klüften ist vor allem bei Problemstellungen im Bereich der angewandten Geologie erforderlich, da die Gesteinseigenschaften durch die Existenz oder das Fehlen von Kluftzementen nachhaltig verändert werden können. Das gilt beispielsweise für hydrogeologische Fragestellungen (offene Klüfte können für hohe Fließraten verantwortlich sein, zementierte Klüfte demgegenüber als Barrieren fungieren). Bei strukturgeologischen Untersuchungen hingegen wird der Begriff Kluft aus praktischen Gründen zunächst meist übergreifend für offene und verheilte Trennflächen gleichzeitig angewendet. Eine nähere Differenzierung wird erst dann vorgenommen, wenn systematische Unterschiede zwischen Trennflächen unterschiedlicher Ausbildung oder Orientierung festgestellt werden (Abschn. 2.5).

Zur Beschreibung von Klüftungsmerkmalen sind weiterhin folgende Begriffe gebräuchlich:

Kluftspur:
Außbißlinie einer Kluft auf einer anderen kreuzenden Fläche (z. B. Schichtfläche) (engl. 'joint trace'; Abb. 6)

Kluftschar:
Gruppe annähernd paralleler Klüfte (engl. 'joint set'; Abb. 3)

Kluftzone:
schmaler, langgestreckter Bereich, in dem Klüfte einer bestimmten Orientierung, verglichen mit der Umgebung, in außergewöhnlich großer Zahl bei relativ geringen Abständen auftreten (engl. 'joint zone'; Abb. 1)

Kluftsystem:
die Gesamtzahl von Klüften (oder auch Kluftscharen) **unterschiedlicher** Orientierung, die auf eine **gemeinsame** äußere **Entstehungsursache** zurückgehen (Abb. 6a). Verantwortlich für solche unterschiedlichen Kluftorientierungen innerhalb eines kleineren oder größeren Bereiches können zum einen **räumliche** Spannungsunterschiede innerhalb eines regionalen Streßfeldes, zum anderen **zeitliche** Spannungsänderungen im Verlauf **einer** Deformation sein. Einen Sonderfall eines Kluftsystems bilden **konjugierte Kluftscharen**, zwei symmetrisch zu den Hauptspannungsachsen angeordnete Scharen von Scherklüften, deren Anlage zeitgleich unter **demselben** Spannungszustand erfolgt (engl. 'joint system' und 'conjugate sets of joints').

Kluftnetz:
die Gesamtzahl aller in einem bestimmten Bereich existierender Klüfte (engl. 'joint pattern')

(Hinweis: beim Literaturstudium ist zu beachten, daß die erläuterten Begriffe nicht in allen bisherigen Publikationen im hier definierten Sinn verwendet werden).

2 Merkmale und Erscheinungsformen von Klüften und Kluftnetzen

Einzelne Klüfte und Kluftscharen weisen Merkmale auf, durch die sie sich beschreiben, unterscheiden und in günstigen Fällen genetisch zuordnen lassen. So können die geometrischen Eigenschaften einer einzelnen Kluft durch folgende Parameter vollständig charakterisiert werden:

- **Dimension**
- **Form**
- **Terminationsverhalten**
- **Oberflächenstruktur**
- **Öffnungsweite/ Füllung**
- **räumliche Orientierung**
- **räumliche Position**

Diese Merkmale können teils durch Messungen quantitativ erfaßt, teils durch Formbeschreibungen näher bestimmt werden. Da die einzelnen Individuen einer Schar innerhalb einer Schicht erfahrungsgemäß gleiche oder ähnliche Erscheinungsformen zeigen, lassen sich Kluftscharen in der Regel über Kennziffern in Form von Mittelwerten beschreiben.

2.1 Dimension

Klüfte finden sich von der mikroskopischen Dimension bis zu Ausdehnungen von mehreren 100 m^2. Selten jedoch sind Kluftflächen wirklich vollständig aufgeschlossen. So sind die genauen räumlichen Abmessungen von Klüften auch nur in Ausnahmefällen zu ermitteln. Daher ist noch wenig bekannt über Beziehungen zwischen der Länge (schichtparallele Erstreckung) und der Höhe (schichtnormale Erstreckung) einer Kluft, ein Aspekt, der vor allem für praxisorientierte Fragestellungen (Modellrechnungen) von Interesse ist. Sollen bei einer Untersuchung quantitative Daten über die Größenverhältnisse von Klüften aufgenommen werden, besteht eine häufiger angewendete Methode darin, die größte Länge einer Flächendiagonalen auf dem jeweils aufgeschlossenen Teilabschnitt einer Kluft als Maß für die Klassifizierung zu benutzen. Werden nur Daten über relative Größenunterschiede zwischen den einzelnen Klüften eines Kluftnetzes gewünscht, können bereits Angaben über die Kluftausdehnung in einer bestimmten Richtung (parallel oder normal zur Schichtung) ausreichen (vgl. beispielsweise Abb. 6a).

Zur qualitativen Charakterisierung spezieller Größenverhältnisse von Klüften dienen im englischsprachigen Raum die Begriffe **micro joint** und **master joint**. Sie kennzeichnen einerseits Klüfte mit mikroskopisch kleinen Abmessungen, ande-

Abb. 2 Klüftung in einer steil-stehenden Wechselfolge ober-karbonischer Grauwacken und Tonschiefer. Während die Grauwackenbänke jeweils durch eine ausgeprägte bank-rechte Klüftung gekennzeichnet sind, treten in den zwischenla-gernden Tonschiefern Klüfte nur vereinzelt auf. Die schicht-normale Erstreckung der Klüfte in der Grauwacke entspricht genau den jeweiligen Bank-mächtigkeiten. Lerbach/Ober-harz.

Abb. 3 Straff geregelte Großklüfte in dickbankigen Sandsteinen. Steinbruch im Oberen Buntsandstein bei Schorborn/Solling.

rerseits solche, die im Vergleich mit den übrigen Individuen einer Schar eine außergewöhnliche Erstreckung, oft Längen im 10- bis 100 m-Bereich aufweisen.

Eine enge Wechselbeziehung besteht häufig zwischen der räumlichen Erstreckung der Klüfte und den jeweiligen lithologischen Gegebenheiten (Gesteinstyp, Bankmächtigkeiten). So ist in vielen Fällen ein Großteil der Klüfte auf eine einzelne Schicht beschränkt und setzt an den Schichtfugen ab. Nur ein geringer Anteil durchtrennt mehrere Lagen gleichzeitig. In dickbankigen bis massigen Sedimenten treten folglich häufig Flächen wesentlich größerer Dimension auf als in gut geschichteten Wechselfolgen kompetenter und inkompetenter Lagen (Abb. 2, 3).

Zusammen mit der Abstandsverteilung stellt die Dimension diejenige Größe dar, die die Verbandsverhältnisse (die Art der Vergitterung) der Klüfte innerhalb eines Kluftnetzes kontrolliert (Abb. 75b).

2.2 Form/Verlauf

Der Begriff Form umfaßt gleichzeitig den äußeren **Umriß** (etwa elliptisch, Abb. 58) wie auch die räumliche **Gestalt** einer Kluftfläche. Ergänzend hierzu kennzeichnet der **Verlauf**, praktisch als zweidimensionales Äquivalent zur 'Gestalt', das Verhalten einer Kluftspur in einer Schnittebene senkrecht zur Kluftorientierung.

Bei strukturgeologischen Untersuchungen ist es durchweg üblich, makroskopisch beobachtbare Unterschiede in der Gestalt bzw. im Verlauf der einzelnen Klüfte durch beschreibende Adjektive wie ebenflächig, wellig, bucklig bzw. geradlinig, gebogen, unregelmäßig etc. qualitativ zu charakterisieren. Nähere Untersuchungen der Verlaufseigenschaften in der mikroskopischen Dimension können u. a. Aufschluß über die mögliche Beeinflussung des Bruchverlaufs durch lithologische Faktoren (z. B. in körnigen Sedimenten: inter- oder intragranularer Bruch) oder auch über mögliche, makroskopisch nicht erkennbare Verschiebungen parallel zur untersuchten Bruchfläche geben. Der gleichartige Verlauf gegenüberliegender Kluftwände (Abb. 4) stellt stets ein sicheres Indiz für eine reine Öffnungsbewegung dar (Bewegungsvektor senkrecht zur Trennfläche). Kluftflächen, bei denen sich der Bruchverlauf, wie in Abb. 4, deutlich am Korngefüge orientiert, zeigen bei makroskopischer Betrachtung durchweg eine 'rauhe' Oberflächenstruktur.

Unmittelbare Ergebnisse für eine Analyse lassen sich bei der Beobachtung von Form-/Verlaufsänderungen einer Kluft in der direkten Umgebung einer anderen Kluft erzielen (Abb. 5a, b). Diese Phänomene gehen darauf zurück, daß die Spannungssituation, die für die Bildung der jüngeren Kluft verantwortlich ist, von einer präexistenten Kluft in deren Umgebung beeinflußt und verändert wird. In solchen Fällen können somit die relativen Altersbeziehungen zwischen zwei ungleich alten Klüften auf einfache Weise bestimmt werden.

Abb. 4 Dünnschliffaufnahme eines Teilbereiches einer zementierten Kluft in Malmkalken, Thüste/Hils; Schnitt senkrecht zur Schichtung. Der gleichartige Verlauf der gegenüberliegenden Kluftwände dokumentiert, daß bei der Kluftöffnung keine Verschiebung parallel zur Bruchfläche beteiligt war.

0.3 mm

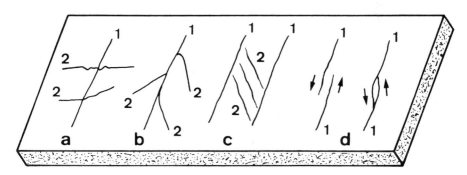

Abb. 5 Zur Ableitung der relativen Altersabfolge zweier Klüfte anhand ihrer Lage- und Verlaufsbeziehungen (1: ältere Kluft, 2: jüngere Kluft).
a) Verlaufsänderung einer jüngeren Kluft bei Kreuzung einer älteren
b) eine ältere Kluft wirkt als Ausbreitungsstop bei der Entwicklung einer jüngeren, Termination mit oder ohne Verlaufsänderungen im Kluftvorfeld
c) wiederholtes systematisches Auslaufen von Klüften einer jüngeren Schar im unmittelbaren Vorfeld einer älteren Kluft
d) kontinuierliches Auslaufen bzw. gegenseitige Ablenkung zweier nahezu gleich alter Klüfte, die sich in entgegengesetzten Richtungen (Pfeile) ausbreiteten.

2.3 Terminationsverhalten

Bezüglich des möglichen Terminationsverhaltens einer Kluft (der Art der Kluftendung) lassen sich folgende prinzipielle Fälle unterscheiden:

I) kontinuierliches Auslaufen
    Die Kluftweite nimmt gleichmäßig ab, bis keinerlei Anzeichen für eine Rißbildung mehr erkennbar sind (Abb. 5d, 17).

II) unvermitteltes Absetzen
    Abruptes Ende an einer Schichtgrenze oder einer anderen Bruchfläche, wobei die Kluftweite bis zum Absetzen weitgehend konstant bleibt (Abb. 2, 5b, 6a).

III) Verzweigung
    Aufspalten einer Kluft in eine Anzahl von Ästen, die ihrerseits nach kurzer Distanz auslaufen (diese Art der Termination ist bei Klüften erfahrungsgemäß nur vereinzelt zu beobachten und wird hier nur der Vollständigkeit halber erwähnt).

Besonders interessant sind im Rahmen strukturgeologischer Untersuchungen vor allem diejenigen Fälle, in denen eine Kluft unvermittelt an einer anderen absetzt, da hierdurch die Altersreihenfolge zwischen den beiden Klüften dokumentiert wird (die bereits vorhandenen Klüfte wirkten als Ausbreitungsstops bei der Entwicklung der jüngeren Bruchflächen, Abb. 6a).

Abb. 6 Aufsicht auf zwei freiliegende Schichtflächen in oberkarbonischen Grauwacken mit deutlich erkennbaren Kluftspuren, Lerbach/Oberharz. Die Mächtigkeiten der abgebildeten Schichten betragen 2 bzw. 2,5 cm.
a) Einfaches Kluftnetz mit zwei orthogonalen Kluftscharen unterschiedlicher geometrischer Eigenschaften. Schar 1 (im Bild von oben nach unten verlaufend) wird von geradlinig verlaufenden Flächen vergleichsweise großer Dimension (in Relation zur Schar 2) gebildet. Diese durchsetzen die Schicht in gleichmäßiger Verteilung und mit nur unwesentlicher Richtungsstreuung. Der Kluftabstand entspricht in etwa der Schichtmächtigkeit. Im Bildbereich auslaufende Klüfte werden in der Regel wechselseitig von neu beginnenden Klüften mit geringer seitlicher Überlappung abgelöst. Die Kluftspuren der Schar 2 sind demgegenüber wesentlich kürzer, zeigen einen unregelmäßigeren Verlauf und variieren auch in ihrer Ausrichtung und Verteilung weitaus stärker. In der Mehrzahl setzen sie zudem an den Kluftspuren der Schar 1 ab (Altersrelation!).
Für Klüfte bzw. Kluftscharen mit den beschriebenen typischen Eigenschaften werden in der englischsprachigen Literatur die Begriffe 'systematic joints' (Schar 1) bzw. 'unsystematic joints' (Schar 2) verwendet, in etwa äquivalent den 'Haupt- und Nebenklüften' des deutschsprachigen Raumes. In der Kombination bilden beide Scharen ein charakteristisches orthogonales Kluftpaar, das wegen seiner weiten Verbreitung vielfach als 'Fundamentales Kluftsystem' bezeichnet wird.
b) Komplexes, aus 5 Kluftscharen aufgebautes Kluftnetz. 4 der Scharen mit ähnlichen geometrischen Eigenschaften in bezug auf Dimension, Verlauf und Verteilung der einzelnen Flächen ordnen sich zu 2 orthogonalen Kluftpaaren. Schar 5 zeigt demgegenüber nur vergleichsweise kurze, unregelmäßig verlaufende Trennflächen. Die Pfeilmarkierungen deuten beispielhaft auf einige Bereiche, in denen sich relative Altersbeziehungen zwischen verschiedenen Klüften anhand des Verlaufs- oder Terminationsverhaltens erfassen lassen.

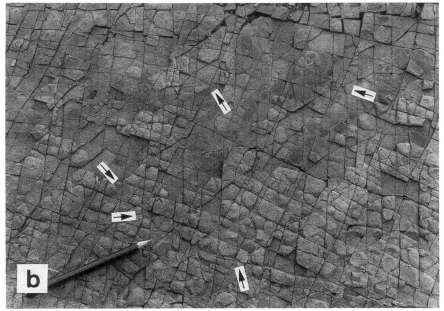

Abb. 6

2.4 Oberflächenstruktur

Angaben über die allgemeine Beschaffenheit der Kluftflächen beschränken sich bei strukturgeologischen Untersuchungen (analog zur 'Gestalt') meist auf kurze, beschreibende Ausdrücke wie rauh, glatt etc. Bei ingenieurgeologischen Problemstellungen ist häufig eine weitaus genauere, quantitative Charakterisierung im Hinblick auf das Scherverhalten der Klüfte notwendig. In vielen Fällen besteht eine enge Beziehung zwischen der Korngröße geklüfteter Sedimente und der Struktur der sie durchtrennenden Kluftflächen. So zeigen beispielsweise mikritische Kalke meist glatte, groboolithische Kalke hingegen in der Regel rauhe Oberflächen.

Für Fragen nach der Kluftentstehung sind verschiedene spezielle **Oberflächenstrukturen** von Kluftflächen von Bedeutung, auf die schon von WOODWORTH (1896) hingewiesen wurde. Umfangreiche Beobachtungsergebnisse wurden dann von HODGSON (1961) und BANKWITZ (1966) zusammengestellt. Weitere Details sind darüberhinaus in Arbeiten von SYME GASH (1971), BAHAT & ENGELDER (1984), ERNSTSON & SCHINKER (1986) und BAHAT (1987b) beschrieben. Zu den bekanntesten Bruchflächenmarkierungen zählen:

Besen
('plumose markings'): an Federn erinnernde Riefungen, die auf der Kluftfläche ein deutliches Mikrorelief hervorrufen. Die einzelnen Besenäste divergieren von einem eng begrenzten punktförmigen Bereich ('plume structure' SYME GASH 1971) oder in symmetrischer Anordnung von einer zentralen Achse ('chevron structure' SYME GASH 1971). Besenachsen können sowohl einen geradlinigen (Abb. 8) wie auch einen gebogenen oder wellenförmigen Verlauf zeigen (BAHAT & ENGELDER 1984: Fig. 6) oder sich auch verzweigen. Die Analyse der Besengeometrie ermöglicht Aussagen zur Lage des **Bruchursprungs ('Initialfeld'** BANKWITZ 1966) und zur Richtung der Bruchausbreitung bei der Kluftentstehung (Abb. 7).
Die Existenz von Besenstrukturen auf einer Kluft wird von Autoren oft als Indiz für einen bestimmten mechanischen Charakter der Bruchfläche angeführt, doch sind die diesbezüglichen Meinungen keineswegs einheitlich. So hält es zwar die Mehrzahl der Autoren für wahrscheinlich, daß besenbesetzte Kluftflächen Trennbrüche darstellen, einige andere Autoren jedoch vertreten eine genau gegensätzliche Auffassung und interpretieren besentragende Kluftflächen als Scherbrüche (zu den Begriffen Trennbruch und Scherbruch s. Abschn. 4.2). Ausführlich diskutiert wurde diese Problematik zuletzt, ausgehend von Vergleichen zwischen Bruchflächenmarkierungen in Gesteinen und Werkstoffen, von ERNSTSON & SCHINKER (1986). Nach ihren Ergebnissen halten die genannten Autoren Besen allein, ohne ergänzende Kriterien, nicht für diagnostisch, weder für den einen, noch für den anderen Bruchflächentyp. Die genannte Arbeit unterstreicht aber auch die Notwendigkeit zu weiteren Grundlagenuntersuchungen.

Randklüfte, Randkluftzone
('fringe joints, fringe'): Saum von 'sekundären', en echelon gestaffelten Klüften entlang des äußeren Randes einer 'primären' Kluftfläche, aus dieser unvermittelt (Abb. 9) oder erst nach einem **Kluftknick** (Abb. 11) hervorgehend; die Form einer Randkluftzone (geradlinig, gebogen) richtet sich nach dem Umriß der zuge-

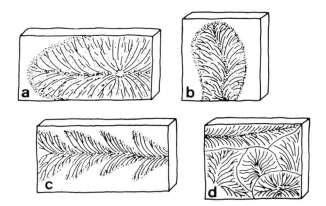

Abb. 7 Beispiele unterschiedlicher Formen von Besenstrukturen auf Kluftflächen (schematisiert nach ERNSTSON & SCHINKER (1986), BAHAT & ENGELDER (1984) und eigenen Beobachtungen).

a) bankinternes Initialfeld, zweiseitige schichtparallele Bruchausbreitung, Besen asymmetrisch

b) Bruchbeginn an der Bankunterkante, Bruchausbreitung schichtnormal, undulierende Besenachse

c) 'rhythmisches' (gleichmäßig wiederholtes) Muster; die einzelnen Abschnitte dokumentieren zeitlich getrennte Stadien der Bruchausbreitung, Bruchentwicklung von rechts nach links

d) Bruchfläche mit einer Vielzahl unterschiedlich orientierter Besen; von verschiedenen, räumlich getrennten Initialfeldern ausgehend entwickelten sich zunächst kleinerere, getrennte Bruchabschnitte, die sich schließlich zu einer größeren Fläche vereinigten.

Abb. 8 Symmetrische Besenstruktur mit SS-paralleler Achse auf einer Kluftfläche. Steinbruch im Oberen Buntsandstein bei Deensen/Solling; Bruchausbreitung von links nach rechts.

hörigen Hauptkluftfläche. Die einzelnen Randklüfte selbst können Winkel bis zu etwa 25° zur Hauptkluftfläche einschließen und sind nicht selten ebenfalls mit Besenstrukturen besetzt. Im Querprofil betrachtet zeigt die gestaffelte Anordnung von Randklüften eine bemerkenswerte Ähnlichkeit mit Bruchflächenstaffeln in Scherzonen (Abb. 10, vgl. Abschn. 3.2.4). Häufig zu beobachten sind Randkluftzonen entlang von Schichtgrenzen (Abb. 9), besonders bei Materialunterschieden zwischen aufeinanderfolgenden Schichten. Die möglichen Ursachen, die die Aufspaltung einer einzelnen Bruchfläche in eine Vielzahl von Segmenten bewirken können, sind noch nicht abschließend geklärt. In Betracht gezogen werden vor allem primäre Spannungsunterschiede in Teilbereichen einer Schichtfolge, durch die ein Bruch propagiert, oder auch dynamische Effekte bei der Rißausbreitung (BANKWITZ 1966, POLLARD et al. 1982, ENGELDER 1987, MANDL 1987a).

Ringstrukturen/ Knickzonen
('conchoidal structure'): bogig verlaufende Abschnitte mit kontinuierlichen oder sprunghaften Richtungsänderungen auf einer Kluftfläche, konkav in Richtung des Bruchursprungs (Abb. 11); als Brucharrestlinien interpretiert oder auf sprunghafte Geschwindigkeitsänderungen bei der Bruchausbreitung zurückgeführt (ENGELDER 1987).

Abb. 9 Randkluftzone entlang einer Schichtfuge. Steinbruch im Oberen Buntsandstein nahe Schießhaus/Solling.

Abb. 10 Erscheinungsbild einer Randkluftzone im Querprofil. Aufsicht auf eine Schichtfläche in oberkarbonischen Tonschiefern. Die staffelartige Anordnung der Randklüfte (Pfeilmarkierung) ist leicht mit der von Trennflächen in Scherzonen zu verwechseln (der Nachweis, daß es sich tatsächlich um eine Randkluftzone handelt, wurde nach Aufnahme des abgebildeten Fotos durch vorsichtiges Abtragen einiger Schichten an der Kluftstaffel erbracht); Okertal/Oberharz.

Abb. 11 Ringstruktur mit Kluftknick, der von einer Randkluftzone gesäumt wird. Kulmtonschiefer, Buntenbock/Oberharz; als Größenmaßstab vgl. Münze am unteren Bildrand.

2.5 Öffnungsweite/ Füllung

Unter der **Kluftweite** wird im engeren Sinne der Öffnungsbetrag (in mm) zwischen gegenüberliegenden Kluftwänden, unter der **Kluftdicke** demgegenüber die Mächtigkeit der Kluftfüllung bei zementierten Klüften verstanden. Der allgemeinere Begiff 'Kluftweite' wird in der Regel übergreifend aber auch in den Fällen angewendet, in denen keine genaue begriffliche Trennung zwischen offenen und 'verheilten' Klüften vorgenommen werden soll. Als weitere Größe beschreibt ferner der **Öffnungsgrad** (reziprok: **Verheilungsgrad**) den Anteil des offenen Klufthohlraums (in %) bei teilweise zementierten Klüften.

Klüfte bilden bevorzugte Transportwege für zirkulierende wäßrige Lösungen, die gelöste Partikel in hoher Konzentration enthalten können. Veränderte physikochemische Bedingungen (Druck, Temperatur, Fremdionenkonzentration etc.) zwischen dem Porenraum des Sedimentes und dem Klufthohlraum verursachen hier vielfach die Fällung von Lösungsbestandteilen, die - bezogen auf geologische Zeiträume - schon bald nach der Entstehung einer Kluft zu deren vollständiger oder teilweiser **Zementation** führen kann. Erzielt werden kann dieser Effekt nicht nur bei einer fließenden sondern ebenso auch bei einer ruhenden Lösung durch Diffusionsvorgänge zwischen Nebengestein und Kluft.

Nach der Art der beteiligten Prozesse lassen sich bei der **Bildung der Kluftzemente** folgende beiden prinzipiellen Fälle unterscheiden (HOBBS et al. 1976, MISIK 1971):

- Kristallisation der Kluftmineralien in einem **offenen** Hohlraum **zwischen** zwei auseinandergewichenen Kluftflächen ('dilational veins')
- Entstehung der 'Kluftfüllung' durch selektive Verdrängung (Rekristallation) des Nebengesteins um eine Rißbildung ('non-dilational veins/ replacement veins').

Natürlich können auch an einer einzelnen Kluft beide Vorgänge sowohl räumlich nebeneinander als auch zeitlich nacheinander ablaufen. Kriterien zur Erkennung der jeweiligen Verhältnisse sind in HOBBS et al. (1976: Fig. 7.3) zusammengestellt.

Die Bildung eines Kluftzementes bewirkt einen erneuten Zusammenhalt zuvor getrennter Gesteinsblöcke. Mit der Zementation wird allerdings **nicht** der ursprüngliche Zustand vor dem Aufreißen der Kluft wiederhergestellt, da sich die mechanischen und/oder chemischen Eigenschaften des Kluftzementes in der Regel mehr oder weniger deutlich von denen des Nebengesteins unterscheiden, folglich beide meist unterschiedliche Verhaltensweisen gegenüber äußeren Einwirkungen zeigen. Bei verwitterungsbedingten Lösungsvorgängen an freiliegenden Gesteinsoberflächen etwa kann eine höhere Löslichkeit der Kluftzemente ein Einschneiden linearer Erosionsrinnen zur Folge haben, die dann die Lage und den Verlauf der (verheilten) Klüfte nachzeichnen. Abb. 12 demonstriert dieses Phänomen an einem Handstück. Auch innerhalb des Gesteinsverbandes, nicht nur unmittelbar an der Oberfläche, unterliegen Kluftzemente dann bevorzugt oberflächennahen Verwitterungsprozessen, wenn die Minerale unter den aktuellen chemischen Bedingungen (die in der Regel nicht den ursprünglichen chemischen Bedingungen zum Bildungszeitpunkt der Mineralisationen entsprechen) weniger stabil sind als das jeweilige Nebengestein. Lösungserscheinungen wie auch Umkristallisationen und Mineralneubildungen (Abb. 13) führen dabei meist zu einer deutlichen Herabsetzung der Kohäsion im Bereich einer (verheilten) Bruchfläche, so daß oft schon eine geringe mechanische Beanspruchung (Entlastungsvorgänge bei der Felsgewinnung, minimale hangparallele Bewegungen etc.) eine **erneute Öffnung** einer verheilten Kluft verursachen kann.

Auch die Kluftfüllungen selbst können bei klüftungsorientierten Strukturanalysen von Interesse sein. Untersuchungsschwerpunkte liegen hier in folgenden Bereichen:

a) Rekonstruktion der Öffnungsbewegung anhand von spezifischen syndeformativen Kristallbildungen:

Kluftfüllungen sind manchmal durch eine ungewöhnlich langgestreckte, faserartige Gestalt der einzelnen Kristalle gekennzeichnet ('crystal fibres'). Die Kristalle können geradlinig verlaufen oder auch sigmoidal gebogen sein. Nach Untersuchungen von DURNEY & RAMSAY (1973, vgl. auch RAMSAY & HUBER 1983) entstehen solche Kristallformen, wenn die Kluftöffnung schrittweise, mit jeweils minimalen Öffnungsbeträgen erfolgt und gleichzeitig das Kristallwachstum mit der Geschwindigkeit der Öffnungsbewegung Schritt halten kann. Die Kristalle wachsen bei diesem Vorgang in jedem Moment genau in die Richtung, in die sich die Kluftwände gerade bewegen. Die Form der Kristalle gibt daher unmittelbar Aufschluß über den sequentiellen Bewegungsablauf der Kluftöffnung (Abb. 14, 15). Über die verschiedenen möglichen Formen des Kristallwachstums und deren Interpretation informieren die angeführten Publikationen.

Eine wiederholte Öffnung und Zementation einer Kluft kann auch durch schmale Nebengesteinsstreifen innerhalb der Kluftfüllung dokumentiert werden (Abb. 14c). Solche Bruchstücke werden jeweils beim erneuten Aufreißen im Grenzbereich Kluftfüllung/Nebengestein abgelöst und nachfolgend durch neue Kluftmineralisationen umschlossen ('**crack-seal mechanism**' RAMSAY 1980).

b) Untersuchung relativer Altersbeziehungen im Kreuzungsbereich zweier Klüfte:

Gerade durch eine mikroskopische Untersuchung der Kluftmineralisationen im Kreuzungsbereich zweier verheilter Klüfte ergeben sich häufig Hinweise auf deren Altersabfolge. Leicht zu erfassen sind die jeweiligen Altersverhältnisse, wenn sich beide Kluftfüllungen im Mineralbestand und/oder im Gefüge unterscheiden (Abb. 16b; vgl. auch PRICE 1966: Plate 3). Auch in Fällen, in denen sich kreuzende Klüfte gleichartige Zemente aufweisen (Abb. 16a), läßt sich die Altersabfolge oftmals festlegen, vor allem wenn die Klüfte nicht senkrecht zueinander angeordnet sind. Als Kriterium kann dann der **öffnungsbedingte Versatz** dienen, den eine ältere Kluft bei der Bildung einer querenden jüngeren Kluft erfährt (Abb. 16c, 17). Weitere Hinweise können sich auch durch andere, spezielle Charakteristika ergeben. So liegen eindeutige Situationen beispielsweise vor, wenn der Bruchverlauf der einen Kluft im Kreuzungsbereich den Korngrenzen innerhalb der Füllung der anderen folgt oder wenn Nebengesteinsfragmente innerhalb der einen Kluftfüllung von der querenden Kluft durchtrennt werden.

Abb. 12 Handstück aus dem Oberen Muschelkalk, Vahlbruch/Weserbergland. An der Gesteinsoberfläche auffallend geradlinige Erosionsrinnen, die die Lage und den Verlauf verheilter Klüfte nachzeichnen. Ursache für das verwitterungsbedingte lineare Einschneiden dürfte die im Vergleich zum Nebengestein höhere Löslichkeit der Kluftzemente gewesen sein.

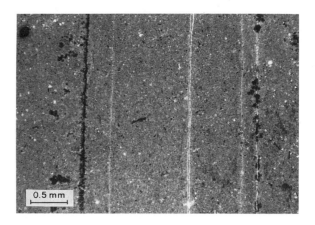

Abb. 13 Dünnschliffaufnahme eines mikritischen Kalksteins; Schnitt parallel zur Schichtung. Durchtrennt wird das Gesteinsstück von einer Anzahl geradlinig verlaufender Klüfte, die nach ihrer Bildung zunächst durch ein karbonatisches Bindemittel (weiß) zementiert wurden. Verwitterungsprozesse waren zu einem späteren Zeitpunkt dann Ursache für Lösungserscheinungen und Mineralneubildungen (Fe-, Mn-Verbindungen, die in der obigen Aufnahme dunkel erscheinen) im Bereich verschiedener Kluftzemente. Im Bildausschnitt sind drei Entwicklungsstadien dokumentiert: in der Bildmitte die noch unveränderten Zemente, rechts außen ihre teilweise, links außen ihre nahezu vollständige Umwandlung. Handstück aus der Oberkreide, Anröchte/Münstersches Kreidebecken.

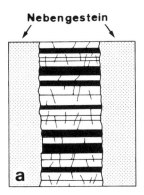
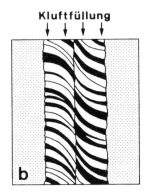
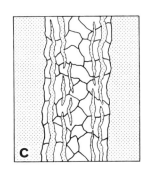

Abb. 14 Beispiele spezieller Gefügemerkmale in Kluftfüllungen.
a-b) typische Formen gerichteten Kristallwachstums während einer Kluftöffnung (nach RAMSAY & HUBER 1983): (a) geradlinige Faserkristalle, die ehemals zusammenhängende Punkte an den gegenüberliegenden Kluftwänden verbinden, Bewegungsvektor senkrecht zum Kluftverlauf (b) gebogener Verlauf zweier, entlang einer zentralen Sutur aneinandergrenzender Gruppen von Faserkristallen. Das Kristallwachstum (und demnach die Öffnungsbewegung) erfolgte in diesem Fall zunächst senkrecht, später dann diagonal zu den Kluftwänden.
c) Nebengesteinsfragmente innerhalb der Kluftfüllung, die ein wiederholtes Aufreißen und Verheilen der Kluft belegen.

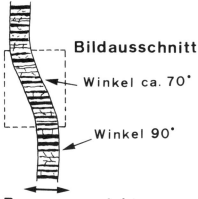

Abb. 15 Dünnschliffaufnahme einer Kluftfüllung mit geradlinigen Faserkristallen (Quarz), schichtparalleler Schnitt. Die spitzwinklige Stellung der Kristalle zu den Kluftwänden ist in diesem Fall bedingt durch den vom generellen Kluftstreichen abweichenden Verlauf des gezeigten Kluftabschnittes (vgl. obenstehende Skizze).

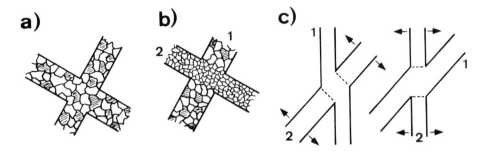

Abb. 16 Zur Ableitung der Altersbeziehungen zwischen zwei sich kreuzenden zementierten Klüften in Dünnschliffen.
a) gleichartige Zemente in beiden Klufthohlräumen, keine Aussage über das relative Entstehungsalter möglich.
In (b) und (c) Altersrelation erkennbar: (b) Unterschiede im Gefüge beider Kluftfüllungen. Der Bruchverlauf der jüngeren Kluft (2) folgt weitgehend den Korngrenzen im älteren Kluftzement (1).
c) Prinzipskizze zur Verdeutlichung des öffnungsbedingten Versatzes (1: ältere Kluft, 2: jüngere Kluft).

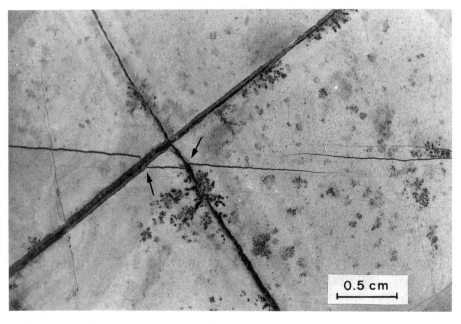

Abb. 17 Öffnungsbedingter Versatz einer Kluft (Pfeilmarkierungen) in einem Handstück aus dem Oberen Muschelkalk, Natbergen/Osning. Aufsicht auf eine schichtparallele Schnittebene; Kluftzemente (Calcit) in dunklem Ton (Handstück aus einer Untersuchung von QUEST 1986). Der Betrag des Versatzes ist an beiden kreuzenden Klüften unterschiedlich groß, bedingt durch deren unterschiedliche Öffnungsweite. Im rechten Bildbereich kontinuierliches Auslaufen der versetzten Kluft mit gleichzeitigem Einsetzen einer parallelen Kluft.

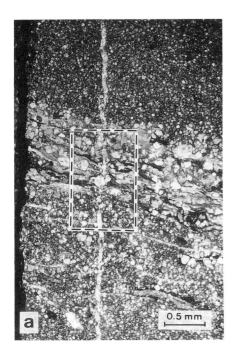

Abb. 18 Dünnschliffaufnahme eines Kalksteines aus dem Oberen Muschelkalk, Natbergen/Osning, Übersicht (a) und Ausschnitt (b) (Handstück aus einer Untersuchung von QUEST 1986). An einer zementierten Kluft (Kluftzement Calcit) zeigen sich bereichsweise mineralogische Veränderungen als Folge von Dolomitisierungsvorgängen innerhalb des Schichtpaketes. So ist im Bereich der Ausschnittsvergrößerung die Kluftfüllung nur noch reliktisch erhalten. Auffällig ist auch ein größerer Dolomitkristall (etwa in der Bildmitte), der einen Teil der (ehemaligen) Kluftfüllung, erkennbar am geringfügig helleren Grauton, einschließt.

Abb. 19 Versetzung einer Gruppe verheilter Klüfte (Kluftzement Calcit) an einer schichtparallelen Störung, Dünnschliffaufnahme eines mikritischen Kalksteins aus dem Oberen Muschelkalk, Natbergen/Osning (Handstück aus einer Untersuchung von QUEST 1986). Die Störungsbahn verläuft etwa an der Basis einer tonreichen Lage und ist selbst vollständig rekristallisiert.

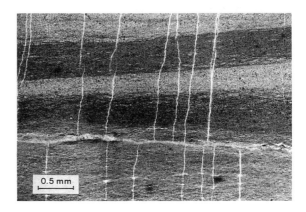

c) Als relative Zeitmarken können **Überprägungen der Kluftfüllungen** dienen, sofern sie sich bestimmten geologischen Vorgängen zuordnen lassen. Das gilt sowohl für deformationsbedingte Strukturänderungen (Abb. 19) als auch für deformationsunabhängige mineralogische Veränderungen, etwa als Folge diagenetischer Prozesse (Abb. 18). Von Interesse können in diesem Zusammenhang auch Phänomene im Kluftumfeld sein, wie die in Abb. 64 gezeigten Kompaktionsunterschiede in der Umgebung zementierter Klüfte.

Über die schon erwähnten Methoden hinaus kann die Untersuchung von **Flüssigkeitseinschlüssen** ('fluid inclusions') in den Kluftmineralisationen Daten über deren Bildungsbedingungen und damit indirekt auch über die betreffenden Klüfte erbringen. Ein ausführliches Fallbeispiel zur Anwendung dieser Methodik beinhaltet die Publikation von NARR & BURRUSS (1984).

2.6   Räumliche Orientierung

Die räumliche Orientierung einer Kluft kann durch Angabe ihres Streich- und Einfallswinkels und ihrer Einfallsrichtung charakterisiert werden. Bei Messungen im Gelände wird aus Gründen der Zeitersparnis vielfach ein Gefügekompaß nach CLAR verwendet. Erfaßt wird hiermit die Raumlage des Einfallslinears einer Fläche, aus der rechnerisch auf die übrigen Flächendaten geschlossen werden kann. Können Kompaßmessungen nicht durchgeführt werden (etwa als Folge von Verbauungen mit Eisenteilen oder im Falle unzugänglicher Aufschlußbereiche), besteht die Möglichkeit des Einsatzes von Stereomeßkammern. Aufgenommen werden hiermit zunächst Stereobildpaare des gewünschten Untersuchungsbereiches, in denen anschließend photogrammetrisch die Raumlage der erkennbaren Klüfte ausgewertet werden kann (u. a. ADLER 1977).

Traditionell werden Messungen der Raumlage jeweils bei einer großen Zahl von Klüften pro Untersuchungsbereich durchgeführt. Anschließend werden die ermittelten Werte mit Hilfe von statistischen Verfahren auf ihre Häufigkeitsverteilung und die Lage der Häufungspunkte untersucht. Diese Ergebnisse bilden dann die Grundlage für die Bestimmung der genauen Winkelabstände zwischen einzelnen Kluftscharen bzw. zur Beschreibung der Symmetrieverhältnisse im Kluftnetz. Weiterhin dienen sie auch für vergleichende Untersuchungen über richtungsmäßige Beziehungen zwischen der Klüftung und anderen Deformationsstrukturen.

Zur qualitativen Beschreibung der Winkelbeziehungen zwischen Schichtung und Klüftung werden häufig die Begriffe **bankrecht** und **bankschräg** verwendet (± senkrecht zur Schichtung angeordnet im ersten, spitzwinklig zur Schichtung verlaufend im zweiten Fall, Abb. 20, 44).

Abb. 20 Zur Definition der Begriffe bankrecht und bankschräg.

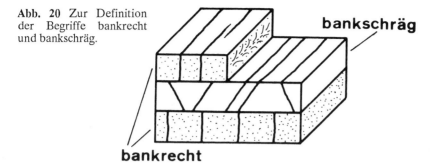

bankschräg

bankrecht

2.7 Räumliche Position

Unter der Kennziffer 'räumliche Position' geht es inhaltlich weniger um die genaue geographische Position einzelner Klüfte als um die Beschreibung relativer Lagebeziehungen, von Klüften untereinander, aber auch von Klüften zu anderen Deformationsstrukturen (Falten, Störungen etc.). In bezug auf die gegenseitige räumliche Anordnung und Verteilung von Klüften innerhalb eines Kluftnetzes, die **Geometrie des Kluftnetzes**, interessieren folgende Größen:

a) die Verteilung der einzelnen Flächen einer Kluftschar innerhalb eines Untersuchungsbereiches, getrennt für jede der auftretenden Kluftscharen
b) die räumlichen Lagebeziehungen von Flächen unterschiedlicher Orientierung zueinander.

In einer einzelnen Schicht liegen die **Kluftabstände** einer bestimmten Schar in der Regel im Bereich von wenigen mm (gelegentlich noch darunter) bis zu einigen m, wobei diese Abstände sowohl innerhalb einer Schichtfolge (von Schicht zu Schicht) als auch lateral über einen Untersuchungsbereich wechseln können. Die Ermittlung quantitativer Kenngrößen beruht auf der Messung der Gesamtzahl (bzw. der einzelnen Abstandswerte) von Klüften, die von einer Meßgeraden senkrecht zum Kluftstreichen geschnitten werden. Von Interesse ist in erster Linie der **mittlere Kluftabstand m** (das arithmetische Mittel der einzelnen Abstandswerte) bzw. sein reziproker Wert, die **Kluftdichte (D)**:

$$m = \frac{\text{Länge der Meßgeraden (in m)}}{\text{Kluftanzahl}} \qquad D = \frac{1}{m} \qquad (1)$$

Angaben über die Streuung der einzelnen Meßwerte sowie über den minimalen und maximalen Kluftabstand lassen zudem bedingt Rückschlüsse auf die **Art der Verteilung** (Abb. 21) zu. Von den Faktoren, die die Abstandsverteilung von Klüften regeln, wird in der Literatur häufiger der **Einfluß der Schichtmächtigkeit** diskutiert (lineare oder nichtlineare (?) Zunahme der Abstandswerte mit zunehmender Mächtigkeit, Abb. 22a) (u. a. BOCK 1971, SOWERS 1973, LADEIRA & PRICE 1981). Zu den weiteren Regelgrößen, deren Bedeutung qualitativ unbestritten ist, ohne daß bislang aber Gesetzmäßigkeiten quantitativ erfaßt wurden, zählen die **Materialbeschaffenheit** (der zu untersuchenden Schicht selbst wie

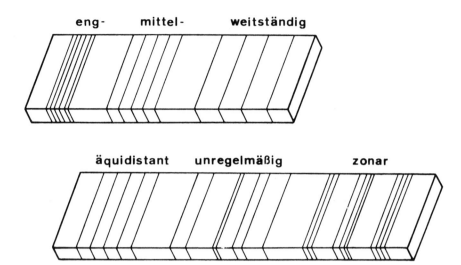

Abb. 21 Formen der Verteilung von Klüften einer Schar innerhalb einer Schicht. Als Bezugsgröße für die Klassifizierung eng-, mittel- und weitständig dient die Mächtigkeit der Schicht.

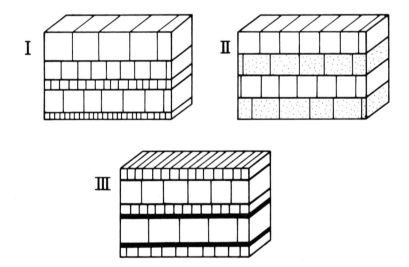

Abb. 22 Blockbilder zur Demonstration des Einflusses verschiedener Faktoren auf die Abstandsverteilung innerhalb einer Kluftschar (schematisiert nach Daten von RUHLAND (1973), LADEIRA & PRICE (1982) u. a.).
I: Schichtfolge mit gleichen elastischen Eigenschaften aber unterschiedlichen Mächtigkeiten der kompetenten Schichten (hell), geringmächtige inkompetente Zwischenlagen (dunkel)
II: Schichtfolge mit unterschiedlichen elastischen Eigenschaften der kompetenten Schichten gleicher Schichtmächtigkeit (punktierte Schichten 'weniger kompetent')
III: Wechselfolge kompetenter und inkompetenter Schichten unterschiedlicher Mächtigkeit. Demonstriert werden soll in diesem Beispiel der Einfluß der Mächtigkeit zwischenlagernder inkompetenter Schichten auf die Kluftabstände in den kompetenten Schichten.

auch der unmittelbar auf- bzw. unterlagernden Schichten, Abb. 22), die **Deformationsintensität** und die **Anordnung und Verteilung präexistenter Trennflächen.**

Materialabhängige Unterschiede in der Klüftungsintensität zeigen sich besonders bei Vergleichen der Kluftabstände in Kohleflözen und dem umgebenden Nebengestein. So liegen die Abstände in der Kohle oftmals in der Größenordnung von wenigen mm, während die Abstände im Nebengestein meist ein Vielfaches dieses Wertes betragen. Auf der anderen Seite sind die größten Kluftabstände erfahrungsgemäß in massig ausgebildeten Gesteinen ohne trennende Zwischenlagen anderer Beschaffenheit zu beobachten.

Nach der Art der Verteilung von Klüften unterschiedlicher Raumlage in einem Bereich kann unterschieden werden zwischen **homogenen** Kluftnetzen, bei denen Klüfte der verschiedenen Orientierungen nahezu gleichmäßig im Gesamtbereich verteilt sind, und **inhomogenen** Kluftnetzen, bei denen räumliche Unterschiede in der Kluftnetzgeometrie auftreten. Abb. 23 verdeutlicht, daß bei der Verwendung der genannten Begriffe auch die Größe des jeweils betrachteten Bereiches eine Rolle spielt. Dargestellt ist in dieser Abbbildung eine geklüftete Schicht, die durch unterschiedliche Kluftnetzgeometrien in benachbarten Teilbereichen gekennzeichnet ist. In beiden Teilbereichen bestehen, für sich betrachtet, jeweils homogene Verhältnisse, während die Situation in bezug auf den Gesamtbereich inhomogen ist. Als Beispiel eines inhomogenen Kluftnetzes innerhalb einer einzelnen Schicht zeigt Abb. 24a die Aufsicht auf eine freiliegende Schichtfläche in oberkarbonischen Grauwacken. Schon über eine Distanz von wenigen Dezimetern vollzieht sich hier eine weitgehende Änderung der Kluftnetzgeometrie. Da solche Bruchmusterwechsel durchaus kein seltenes Phänomen darstellen und häufig unvermittelt auftreten, sind sie der wesentliche Grund dafür, daß Voraussagen über die mögliche Geometrie eines Kluftnetzes in nicht aufgeschlossenen Bereichen stets mit weitgehenden Unsicherheiten behaftet sind. Ein weiteres Beispiel eines inhomogenen Kluftnetzes, in diesem Fall im regionalen Maßstab, dokumentiert Abb. 28.

Unterschiede in der Kluftnetzgeometrie können auch zwischen aufeinanderlagernden Schichten bestehen. Zwei Beispiele solcher Situationen, die mit unterschiedlichen Materialreaktionen der einzelnen Schichten bei Belastung zusammenhängen (Abschn. 4.4), zeigen die Abb. 24b und 44.

Daten über Gesetzmäßigkeiten der Verteilung von Klüften gleicher oder unterschiedlicher Orientierung in bezug auf **andere Deformationsstrukturen** sind vor allem für Fragen der zeitlichen und genetischen Zuordnung von Klüften von Bedeutung. So ist beispielsweise von Interesse, ob Klüfte einer bestimmten Ausbildung oder Ausrichtung nur in Bereichen mit einem bestimmten strukturellen Baustil auftreten oder ob höhere Kluftdichten in bestimmten strukturellen Positionen (etwa im Umfeld von Störungen) zu verzeichnen sind.

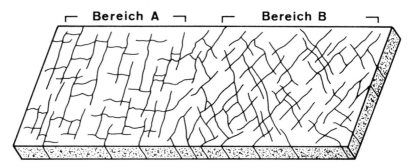

Abb. 23 Zum Begriff homogenes/inhomogenes Kluftnetz. Die Teilbereiche A und B sind in sich homogen, der Gesamtbereich ist inhomogen.

Abb. 24 Aufsicht auf freiliegende Schichtflächen in oberkarbonischen Grauwacken, Lerbach/Oberharz; Schichtmächtigkeiten ca 2,5 cm.

a) inhomogenes Kluftnetz, bei dem sich innerhalb einer einzelnen Schicht auf kurze Distanz, etwa in der Mitte des Bildbereiches, ein weitgehender Wechsel in der Geometrie des Bruchmusters vollzieht.

b) Unterschiede in der Kluftnetzgeometrie zweier aufeinanderfolgender Grauwackenbänke, die durch eine geringmächtige Tonschieferlage getrennt sind. Gemeinsam ist beiden Schichten eine im Bild von oben nach unten verlaufende Kluftschar. In der hangenden Schicht treten zusätzlich zwei weitere Scharen auf, die jeweils einen spitzen Winkel mit der ersten einschließen. Im Unterschied dazu existiert in der liegenden Schicht nur eine weitere Schar, die in diesem Fall rechtwinklig zu der ersten Schar angeordnet ist.

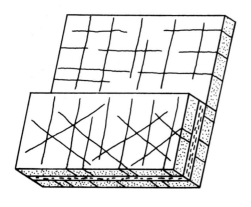

Prinzipskizze der in Abb. 24b gezeigten Situation.

Abb. 24

3 Erscheinungsformen von Klüften und Kluftnetzen in Bereichen unterschiedlichen strukturellen Baustils

Nach der Darstellung der einzelnen Kennziffern zur Beschreibung von Klüften werden im folgenden Klüftungsphänomene unter regionalen Aspekten betrachtet. Eingegangen wird auf beobachtete Gesetzmäßigkeiten in der Ausbildung und Anordnung von Klüften in Bereichen unterschiedlichen strukturellen Baustils, daneben auch auf Verhaltensweisen von Klüften bei Verformungsprozessen. Um die prinzipiellen Zusammenhänge deutlich zu machen, wird eine vereinfachende Gliederung vorgenommen in 'unverformte' Gebiete (weiträumige Deckgebirgsbereiche mit flacher Schichtlagerung) und 'verformte' Bereiche (Gebiete, in denen neben der Klüftung noch weitere Bruch- und/oder Biegeformen existieren). Letztere werden weiter unterteilt in kompressiv verformte Bereiche (Faltengebirge) einerseits und distensiv verformte Bereiche (Extensionsbereiche, z. B. Grabenzonen) andererseits.

3.1 Klüftung in flach lagernden Sedimentfolgen

Wenig beachtet wurde lange Zeit, daß auch flach lagernde Sedimentfolgen in Bereichen, in denen andere Deformationsstrukturen weitgehend fehlen, eine ausgeprägte Klüftung aufweisen können. Erst seit Beginn der sechziger Jahre wurde diesem Phänomen, zunächst vor allem auf dem nordamerikanischen Kontinent, zunehmend Aufmerksamkeit gewidmet (u. a. HODGSON 1961b, BABCOCK 1973). Inzwischen ist klar geworden, daß genaue Kenntnisse über die Kluftentwicklung in solchen ruhig gelagerten Sedimenttafeln von prinzipieller Bedeutung für die Beurteilung von Klüften überhaupt sind. Heute liegt eine größere, ständig wachsende Zahl von Arbeiten über die Klüftung entsprechender Bereiche vor, die sich - ausgehend von Bestandsaufnahmen der jeweiligen regionalen Situation - mit den möglichen Ursachen und Mechanismen der Kluftentstehung befassen (zum derzeitigen Kenntnisstand s. Abschn. 4.6).

Bei günstigen Oberflächenverhältnissen können bereits Luftbilder wesentliche Erkenntnisse über die Klüftung in Deckgebirgsbereichen mit weitgehend horizontaler Schichtlagerung vermitteln. Eindrucksvolle Aufnahmen liegen beispielsweise von den Plateaus des mittleren Westens der USA (Arizona, Utah) vor (Abb. 27, 28; vgl. auch MCGILL & STROMQUIST 1979). Wie in Abb. 27 präsentiert sich das Kluftnetz hier meist als ein regelmäßiges Gitter bankrechter Kluftscharen, nicht selten mit nahezu äquidistanter Verteilung der Flächen einzelner Scharen. Bemerkenswert ist auch die Richtungsbeständigkeit der Klüftung, die von verschiedenen Bearbeitern sowohl regional, im km- bis 10er km-Bereich, als auch vertikal innerhalb der untersuchten stratigraphischen Abfolgen registriert wurde. Auch hinsichtlich der Gefügegeometrie wurde ein häufig wiederkehrendes Grundmuster identifiziert - zwei orthogonal angeordnete Kluftscharen - für das NICKELSEN & HOUGH (1967) den Begriff 'Fundamentales Kluftsystem' prägten.

Abb. 26 gibt zum Vergleich Teilergebnisse einer Kluftnetzuntersuchung von BAYER (1982) aus dem süddeutschen Raum wieder. Dargestellt sind hier in Form einer Kluftrosenkarte Daten über die Klüftungssituation eines Teilabschnittes der Schwäbischen Ostalb, der ebenfalls durch weitgehend horizontale Schichtlagerung gekennzeichnet ist. Auch in diesem Beispiel zeigt sich nach den vorliegenden Daten ein bemerkenswert einheitlicher Trend des Kluftnetzes über den gesamten Bereich eines Meßtischblattes, bei geringen lokalen Richtungsschwankungen. Übereinstimmend mit dem in Abb. 27 gezeigten Luftbildausschnitt dominieren auch hier zwei Kluftscharen mit einem Winkelabstand um 90°.

Als interessantes Aufschlußbeispiel zeigt Abb. 25 die Teilansicht eines aufgelassenen Steinbruches aus dem Bereich der Münsterschen Kreidebucht, einer weitgespannten kretazischen Beckenstruktur mit tafelartigem Baustil. Auf einer freiliegenden Schichtfläche sind hier lineare Vegetationsaufreihungen zu erkennen, durch die in nahezu modellhafter Weise die Ausbißlinien einer ausgeprägten Kluftschar nachgezeichnet werden (vgl. Abb. 1).

Eine so einfache Geometrie und so weiträumige Richtungsbeständigkeit der Klüftung wie in den bislang vorgestellten Beispielen ist natürlich auch in flachlagernden Sedimenten nicht immer die Regel. So wird in der Literatur auch über stärker variierende Verhältnisse berichtet, teils mit kontinuierlichen, teils mit un-

Abb. 25 Freiliegende Schichtfläche in flachlagernden Oberkreidekalken des Münsterschen Kreidebeckens. Lineare Vegetationsaufreihungen zeichnen Lage und Verlauf von Klüften einer dominanten Schar nach. Steinbruch bei Geseke.

Abb. 26 Ausschnitt aus einer Kluftrosenkarte der Schwäbischen Ostalb, Blatt 7425 Lonsee (Ausschnitt aus BAYER 1982: Anlage 1).

Abb. 27 Regelmäßiges orthogonales Kluftnetz in flachlagerndem Entrada-Sandstein, Utah (USA). Vergrößerter Ausschnitt eines Luftbildes, Maßstab ca. 1:14000 (Aufnahme U.S. Geol. Surv.).

Abb. 28 Klüftung in flachlagernden Sandsteinen mit lateralem Wechsel der Kluftnetzgeo-metrie; Entrada-Sandstein, Utah (USA). Ausschnitt eines Luftbildes, Maßstab ca. 1:20000 (Aufnahme U.S. Geol. Surv.).

vermittelten Richtungswechseln der Klüftung über kürzere oder längere Distanzen, die dann meist schwer interpretierbar sind. Gleichfalls wechseln können auch die Anzahl der auftretenden Kluftscharen und/oder ihre gegenseitigen Winkelbeziehungen (BABCOCK 1974, HOLST & FOOTE 1981, GROUT & VERBEEK 1983). Ein Beispiel mit entsprechenden lateralen Änderungen der Kluftnetzgeometrie zeigt der in Abb. 28 dargestellte Luftbildausschnitt.

Ein Aspekt, der für die Deutung der beschriebenen Kluftnetze in flachliegenden Schichten eine wesentliche Rolle spielt, betrifft den möglichen Zeitpunkt der Kluftentstehung. Schon in der älteren Literatur wurde verschiedentlich die Annahme geäußert, daß eine geregelte Klüftung bereits frühzeitig, noch im Diagenesestadium des Sedimentes angelegt wird. Direktes Beweismaterial wurde bislang allerdings nur in sehr geringem Maße publiziert (COOK & JOHNSON 1970). Durch neuere Untersuchungen der Clausthaler Arbeitsgruppe (KOWALD 1984, MEIER 1985) konnten erstmalig in größerem Umfang unmittelbare Beobachtungsdaten über das Auftreten von Klüften (nicht Störungen!) in jungen, kaum verfestigten Ablagerungen gesammelt werden. Dabei zeigte sich, daß bereits in ungestörten, horizontal liegenden Lockersedimenten ein erstaunlich richtungsbeständiges Kluftnetz existieren kann, bei dem, analog zur Situation in Festgesteinen, ein orthogonales Kluftpaar als geometrisches Grundmuster auftreten kann (Abb. 29).

Ein spezielles Klüftungsphänomen, für dessen Entstehung ebenfalls ein frühdiagenetisches Stadium angenommen wird, ist im deutschsprachigen Raum unter den Begriffen **Querplattung** oder **Sigmoidalklüftung** bekannt. Beschrieben werden damit auffallend engständig angeordnete, in der Regel auf einzelne Schichten eines Schichtverbandes beschränkte Trennflächen, die häufiger in Kalksteinserien vor allem des Muschelkalkes nachgewiesen wurden (u. a. KRUCK 1974, SCHWARZ 1975).

Abb. 29 Orthogonales Kluftsystem in pleistozänen Sanden der Senne (östliches Münstersches Kreidebecken), Nebenklüfte quer zur Blickrichtung. Sandgrube des Kalksandsteinwerkes Augustdorf (aus MEIER 1985: Abb.4).

Die geschilderten Beobachtungen über Kluftnetze in flach lagernden Schichtfolgen insgesamt haben ein neues Licht auf viele Fragen der Kluftentstehung in Sedimentgesteinen geworfen und in mancherlei Beziehung zum Überdenken bestehender Meinungen angeregt. Eine Auswirkung ist, daß auch bei Kluftnetzuntersuchungen in Gebieten mit gefalteten und/oder gestörten Schichtfolgen zunehmend kritischer die Frage der Zuordnung der kartierten Klüftung zu den jeweiligen regionalen tektonischen Deformationen geprüft wird. Vermehrt werden Arbeiten aus entsprechenden Bereichen publiziert, in denen die Autoren Indizien dafür vorlegen, daß die beobachtete Klüftung offensichtlich bereits im Stadium der flachen Lagerung, vor und unabhängig von bekannten regionalen Verformungsvorgängen angelegt wurde (ANDERLE 1983, GANGEL & MURAWSKI 1977, MCGILL & STROMQUIST 1979, MCQUILLAN 1973, MEIER 1984).

3.2 Klüftungsphänomene in 'verformten' Gebieten

3.2.1 Die Rolle präexistenter Klüfte bei einer erneuten Deformation

Im vorangegangenen Abschnitt wurde an einigen Beispielen demonstriert, daß bereits Sedimentfolgen in ruhig gelagerten Deckgebirgstafeln geregelte Kluftnetze aufweisen können. Bei späteren regionalen Verformungsvorgängen (bezogen auf die Entstehung des Kluftnetzes) können solche Schichtfolgen unter Umständen gefaltet und/oder gestört werden. Die schon vorhandenen Klüfte können dann folgende prinzipielle Verhaltensweisen im Verformungsablauf zeigen:

(1) **passive Verstellung**
Ohne selbst in Verformungsvorgänge einbezogen zu werden, vollziehen die Klüfte verformungsbedingte Schichtverstellungen passiv mit (der Winkel zwischen den Klüften und der Schichtung bleibt in diesem Fall konstant). Die Schichtverstellung selbst kann dabei auf unterschiedliche Ursachen zurückgehen, sowohl auf Schollenrotationen an Abschiebungen einer Grabenzone (ANDERLE 1983) als auch auf faltungsbedingte Schichtverbiegungen (HOEPPENER 1953, GANGEL & MURAWSKI 1977, MEIER 1984).

Ein besonderer Fall kann bei einer Faltung eintreten, wenn Klüfte, die mehrere Bänke durchsetzen, durch schichtparallele Gleitbewegungen einzelner Bänke bei der Verstellung gleichzeitig eine gewisse Versetzung erfahren ('**Faltungsvorschub**' HOEPPENER 1953, NABHOLZ 1956), ein Phänomen, das als relatives Alterskriterium herangezogen werden kann (Abb. 30). Eine eindrucksvolle Aufnahme einer solchen Situation ist in der Publikation von RAMSAY & HUBER (1987: Fig. 21.9) enthalten.

(2) **Reaktivierung**
Als Folge der veränderten Spannungssituation finden entlang der (primären) Kluftflächen sekundär Bewegungen statt (nähere Einzelheiten in Abschn. 3.2.2); Flächen, die in einem frühen Deformationsstadium reaktiviert wurden, können später ebenso wie nicht reaktivierte Flächen noch verstellt werden (Abb. 32).

(3) Beeinflussung des Deformationsablaufes

Bei einer regionalen Deformation werden die jeweiligen lokalen Spannungsverhältnisse innerhalb einer Schichtfolge auch durch bereits vorhandene Trennflächen kontrolliert. Präexistente Klüfte können deshalb die Lage wie auch die Ausrichtung **neu entstehender Klüfte** merklich beeinflussen. Schon existierende Klüfte können sich auch auf die Entwicklung **anderer Deformationsstrukturen** auswirken, wenn die Klüfte eine Schienenfunktion übernehmen, durch die die Deformation in vorgezeichnete Bahnen gelenkt wird. Beispiele bilden im Kompressionsbereich Kleinfaltenachsen (Abb. 31), Blattverschiebungen (SEGALL & POLLARD 1983a) oder auch Horizontalstylolithen (Abb. 34), im Extensionsbereich selbst größere Abschiebungen (MCGILL & STROMQUIST 1979), deren Ausrichtung durch präexistente Klüfte vorbestimmt werden kann.

(4) 'Plättung'

Plättung ist ein auf intensiv deformierte Tongesteine beschränkter Spezialfall, bei dem präexistente Klüfte durch schichtinterne Translationsbewegungen bei Schieferungsvorgängen 'intern' rotieren können. Dabei ändert sich der ursprüngliche Winkel zwischen der Schichtung und den Kluftflächen (GRZEGORZYK & MILLER 1987). Die Winkeländerung ist maximal bei parallel zur (späteren) Schieferung streichenden Klüften und verringert sich mit zunehmender Differenz der Streichwerte.

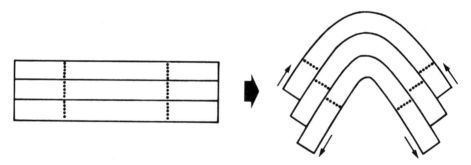

Abb. 30 Prinzipskizze zur Demonstration der faltungsbedingten Versetzung einer Kluft infolge schichtparalleler Gleitbewegungen ('Faltungsvorschub').

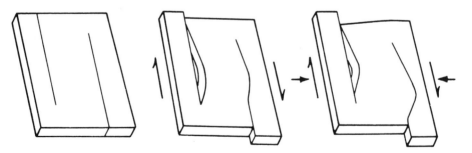

Abb. 31 Faltenbildung in einer Schicht unter dem Einfluß bereits vorhandener Trennflächen (aus JAROSZEWSKI 1984: Fig. 337).

Abb. 32 Bankrechtes orthogonales Kluftnetz auf der Südflanke der Kestenberg-Antiklinale, Steinbruch Holderbank (schweizerischer Faltenjura). Nach Untersuchungen von MEIER (1984) wurde ein Großteil der bezüglich der Jura-Faltung präexistenten Klüfte zunächst durch die wachsende Kompression im Frühstadium der Faltung reaktiviert. Anschließend wurden reaktivierte wie nicht-reaktivierte Flächen bei fortschreitender Deformation (Faltenbildung) passiv mit den Schichten verstellt (aus MEIER 1984: Abb. 12).

3.2.2 Reaktivierungsphänomene

Unterliegt eine bereits geklüftete Schichtfolge einer erneuten Beanspruchung, ist prinzipiell eine **Reaktivierung** der schon vorhandenen Klüfte möglich. Dies gilt nicht nur für Klüfte im engeren Sinn, also offene Brüche, sondern in modifizierter Weise auch für bereits zementierte Trennflächen, sofern die Festigkeit der Kluftfüllung geringer ist als die des unzerbrochenen Gesteins. Kritisch ist hier erfahrungsgemäß vor allem der Grenzbereich zwischen der ehemaligen Kluftwandung und der Kluftfüllung.

Unter der Reaktivierung einer Kluft ist eine Relativbewegung der durch die Kluft getrennten Gesteinsblöcke entlang dieser Trennfläche zu verstehen, unter dem Einfluß eines Spannungsfeldes, welches nicht mit dem Spannungsfeld identisch ist, das ursprünglich zur Bildung dieser Kluft führte. Nach der Art der Bewegung lassen sich in bezug auf eine **einzelne** Fläche folgende Grenzfälle unterscheiden (Abb. 33):

a) Orientierung des Verschiebungsvektors senkrecht zur Fläche, divergierende Bewegung ('Öffnung', Abb. 33b).
Erneute Kluftöffnungen dokumentieren sich manchmal in schmalen Nebengesteinsstreifen innerhalb einer Kluftfüllung (Abb. 14c). Nicht bei jeder Spalte darf allerdings gleich auf ein Reaktivierungsphänomen geschlossen werden, da die Erweiterung einer Kluft zur Spalte auch bereits unmittelbar im Zusammenhang mit der Kluftbildung erfolgt sein kann.

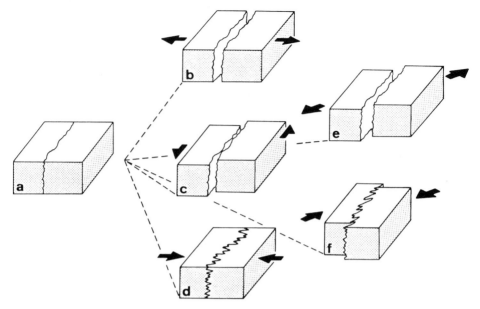

Abb. 33 Formen der Reaktivierung einer Kluft. Die Pfeilsymbole geben den relativen Verschiebungssinn der einzelnen Blöcke an (a: Ausgangssituation, b-f: Reaktivierungsformen).

b) Orientierung des Verschiebungsvektors parallel zur Fläche ('Gleitung', Abb. 33c).
Während der Gleitung werden die ursprünglichen Kluftflächenmerkmale (Besen, etc.) meist weitgehend überprägt. Auf den primären Kluftflächen entwickeln sich sekundär typische **Oberflächenformen von Störungsflächen** (Harnische etc.). Unter bestimmten Bedingungen erfolgen Verschiebungen nicht entlang der gesamten Länge einer Kluft sondern nur entlang einzelner Teilabschnitte (Abb. 34). Die Oberflächenstruktur solcher Trennflächen kann folglich unvermittelt wechseln (Kluftkennzeichen in einem, Störungskennzeichen im angrenzenden Teilbereich, vgl. MEIER 1984: Abb. 22).
Der relative Verschiebungssinn (auf-, ab-, blatt- oder auch schrägverschiebend) entlang der zur Störung umgestalteten Kluft richtet sich nach der jeweiligen lokalen Spannungssituation. Die Fläche selbst kann während der Bewegung je nach den speziellen Rahmenbedingungen ihre räumliche Orientierung beibehalten oder auch um bestimmte Winkel rotieren (Abb. 38). Entsprechend reaktiviert werden häufig nicht nur Klüfte, deren Raumlage genau mit der Position übereinstimmt, die für eine neu entstehende Störung in einem noch unverformten Gesteinskörper zu erwarten wäre, sondern auch Flächen, die von dieser Idealposition deutlich abweichen.

c) Orientierung des Verschiebungsvektors senkrecht zur Fläche, konvergierende Bewegung ('Verzahnung', Abb. 33d).
Bei kompressiver Beanspruchung können **Drucklösungsprozesse** entlang einer Kluftfläche, bedingt durch punktuelle Druckdifferenzen und Löslichkeitsunter-

schiede, zur teilweisen Anlösung und gegenseitigen Verzahnung (d. h. zu einer Verkürzung) der aneinandergrenzenden Gesteinsblöcke führen. Lösungsbedingt entwickeln sich im Kontaktbereich charakteristische, ineinandergreifende **Stylolithenflächen** mit zahlreichen kegel- oder säulenförmigen Zapfen (**Stylolithen**), deren **Achsen parallel zur Belastungsrichtung** verlaufen. In Profilschnitten sind Stylolithenflächen leicht anhand ihres typischen sägeblattartigen Verlaufes zu identifizieren. Das gelöste Gesteinsmaterial kann über größere Distanzen transportiert oder bereits in nächster Umgebung in Spalten oder im Porenraum der Sedimente wieder abgesetzt werden.

Naturgemäß sind auch Übergänge zwischen den beschriebenen Grundformen möglich. Die Verschiebung setzt sich dann aus parallel und senkrecht zur Fläche verlaufenden Anteilen zusammen (Fälle e und f in Abb. 33). Bei der Einengungsform (f) verlaufen die Stylolithen im Unterschied zum Fall d nicht mehr senkrecht sondern spitzwinklig zur Fläche (**Schrägstylolithen**, Abb. 35). Beträgt der Winkelabstand zwischen den einzelnen Zapfen und der Fläche nur einige wenige Grad, so wird häufig die Bezeichnung 'Nadelharnisch' verwendet. Bei der Ausweitungsform (e) kann der genaue Bewegungsverlauf unter Umständen aus der Form bzw. Orientierung von Faserkristallen innerhalb der Kluftfüllung abgeleitet werden (Abb. 14, 15).

Wann und in welcher Weise eine Kluft reaktiviert wird, hängt von verschiedenen Faktoren ab. Zu den wichtigsten zählen die Art des regionalen Streßfeldes (kompressiv, distensiv), die Position der Kluft in bezug auf die Orientierung der Hauptspannungsachsen sowie die Lage und Ausrichtung benachbarter Trennflächen. Wechselwirkungen zwischen einzelnen Klüften kommt insbesondere in einem **kompressiven Spannungsfeld** erhebliche Bedeutung zu, etwa wenn eine bereits systematisch geklüftete Schichtfolge in Faltungsvorgänge einbezogen wird. Ausgleichsbewegungen an präexistenten Klüften als Folge zunehmender Kompression ermöglichen hier bis zu einem gewissen Grad den Abbau von Spannungen; erfahrungsgemäß wird dabei eine Vielzahl der vorhandenen Klüfte mit jeweils geringen Verschiebungsbewegungen reaktiviert. Innerhalb eines Schollenmosaiks mit sich kreuzenden Bruchflächen verschiedener Orientierung werden die Bewegungsabläufe in besonderem Maße von der lokalen Geometrie des Bruchnetzes, d. h. von der gegenseitigen Anordnung der einzelnen Bruchflächen kontrolliert. Aber auch bei gleicher Ausgangssituation können sich, je nach den speziellen Rahmenbedingungen, ganz unterschiedliche Bewegungsmuster entwickeln. Welche Vorgänge bei Reaktivierungsprozessen in einem Schollenmosaik im einzelnen beteiligt sein können, ist in Abb. 34 am Beispiel eines von bankrechten Klüften durchtrennten Gesteinsblockes, der einer kompressiven Beanspruchung unterliegt, schematisch dargestellt. Skizziert sind hier drei der möglichen Reaktivierungsmuster dieses Blockes, die sich in prinzipiellen Punkten unterscheiden. Rein mechanische Verschiebungsprozesse, charakteristischerweise an diagonal zur Beanspruchungsrichtung verlaufenden Flächen, kennzeichnen Fallbeispiel b. Kreuzende, nicht reaktivierte Klüfte erfahren dabei an den Verschiebungsbahnen jeweils einen meßbaren Versatz (vgl. Abb. 37), die Gleitbewegungen selbst bewirken eine deutliche Querdehnung des deformierten Blockes. Wird die Kompression hingegen, wie im Fallbeispiel c, vollständig durch Drucklösungsprozesse, d. h. durch eine **Volumenänderung** innerhalb des Blockes ausgeglichen, findet eine

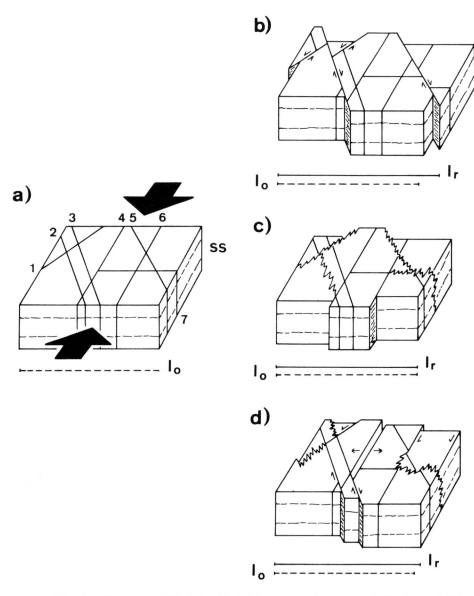

Abb. 34 Mögliche Bewegungsabläufe bei Reaktivierungsvorgängen innerhalb einer geklüfteten Schichtfolge unter kompressiver Beanspruchung.
a)   Ausgangssituation (die Pfeile zeigen die Kompressionsrichtung an)
b-d) modellhafte Darstellung unterschiedlicher Reaktivierungsmuster
l_o ursprüngliche Breite des Blockes
l_r Breite des Blockes nach der Reaktivierung

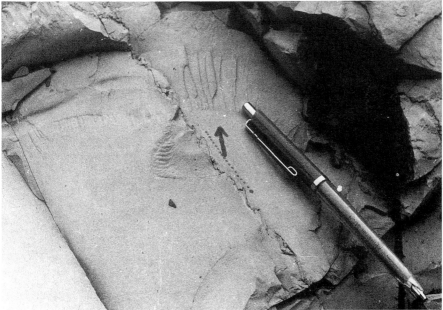

Abb. 35 Reaktivierung einzelner Kluftflächen einer Schar mit Bildung von Schrägstyloli-then, Steinbruch der Zementfabrik Holderbank, östlicher Faltenjura/Schweiz (aus MEIER 1984: Abb. 20).

entsprechende Querdehnung nicht statt. Lokal unterschiedliche Lösungsbeträge innerhalb benachbarter Schollen bzw. an verschiedenen Teilabschnitten einzelner Klüfte sind die Ursache für differentielle Schollenbewegungen innerhalb des gesamten Blockes, wobei selbst druckparallele Klüfte (4 und 6 in Abb. 34a) bereichsweise als Gleitflächen fungieren können. Kennzeichnend für dieses Beispiel ist weiterhin die einheitliche Orientierung der Stylolithenachsen im gesamten Bereich, die unmittelbar die Richtung der 'regionalen' Beanspruchung widerspiegelt. In diesem Punkt liegt der wesentliche Unterschied zum Fallbeispiel d, bei dem kombinierte Gleitbewegungen an Diagonalflächen und Drucklösungsprozesse dargestellt sind. Die lokalen Spannungsverhältnisse in einzelnen Teilschollen weichen in diesem Fall verschiedentlich vom 'regionalen' Spannungsplan ab, was durch die variierende Ausrichtung der Stylolithenachsen an einigen Schollengrenzen (den reaktivierten Klüften) zum Ausdruck kommt (vgl. hierzu auch LAUBSCHER 1979).

Solche Zusammenhänge sind insbesondere für Paläostreßanalysen, die auf der Auswertung von Stylolithenmessungen basieren, von maßgeblicher Bedeutung. Da bereits, wie in Abb. 35d gezeigt, ein einziger Einengungsvorgang in einem geklüfteten Bereich für unterschiedliche Zapfenrichtungen verantwortlich sein kann, ist das Vorhandensein mehrerer Richtungsmaxima von Stylolithenachsen in einem Gefügediagramm nicht ohne weiteres gleichbedeutend mit der Existenz mehrerer, zeitlich getrennter Beanspruchungsphasen.

In gut geschichteten Wechselfolgen kompetenter und inkompetenter Schichten (z. B. Kalk-Mergel-Wechselfolge) können sich, bedingt durch die entkoppelnde Wirkung der inkompetenten Zwischenlagen (und damit der Möglichkeit schichtparalleler Gleitbewegungen), in den einzelnen kompetenten Bänken ganz unterschiedliche Reaktivierungsmuster entwickeln. Aus demselben Grund verlaufen die Bewegungslineare bei den genannten lithologischen Verhältnissen meist auch deutlich schichtparallel, sowohl in flachlagernden als auch in verstellten Schichten (beispielsweise in aufgerichteten Faltenschenkeln, MEIER 1984: Abb. 15).

Unterliegen präexistente **bankschräge** Klüfte einer späteren Kompression, so können entlang von Flächen, die eine günstige Lage zur Beanspruchungsrichtung einnehmen, unter Umständen aufschiebende Bewegungen erfolgen. Reine Aufschiebungen (bei denen die Bewegungslineare genau in der Einfallsrichtung der Fläche verlaufen), entstehen allerdings nur dann, wenn das Streichen der Fläche genau senkrecht zur lokalen Kompressionsrichtung verläuft (Abb. 36b). Verändert sich dieser Winkelabstand, wird der Bewegungssinn schrägaufschiebend (Abb. 36c). Ebenso wie bei bankrechten Klüften kann die Kompression aber auch zu Drucklösungsvorgängen entlang der Bruchfläche führen (Abb. 36d). Die entstehenden Stylolithen schließen in diesem Fall einen spitzen Winkel mit der Bruchfläche ein, dessen Betrag meist geringer ist als der Winkel zwischen Bruchfläche und Schichtung.

Weitaus seltener als kompressionsbedingte Reaktivierungsphänomene wurden bislang Reaktivierungsvorgänge in einem **distensiven Spannungsfeld** beschrieben. Klüfte mit einer geeigneten Orientierung können in diesem Fall sekundär die Funktion von Abschiebungen übernehmen. In Frage kommen hierzu vor allem geneigte Flächen, bei flachliegenden Schichten also bankschräge, in verstellten Schichten gleichermaßen auch bankrechte Klüfte (die dann ja ebenfalls eine ge-

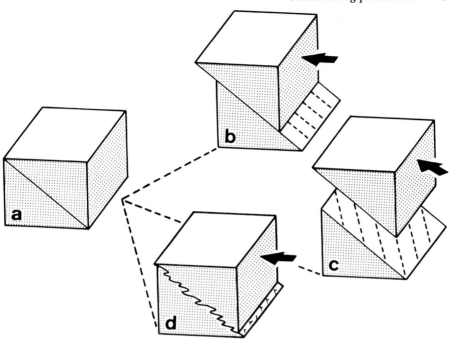

Abb. 36 Mögliche Bewegungsabläufe bei einer kompressionsbedingten Reaktivierung bankschräger Klüfte (a: Ausgangssituation, b-d: Reaktivierungsformen).

neigte Stellung einnehmen). Auch ohne große Verschiebungsweite an einer Einzelfläche kann ein beträchtlicher Querdehnungsbetrag dann erreicht werden, wenn Bewegungen gleichzeitig an einer Vielzahl von parallelen Flächen erfolgen und diese (bzw. die Kluftkörper) zur selben Zeit wie ein kippender Bücherstapel rotieren ('bookshelf mechanism', Abb. 38, MANDL 1987b).

Daß in der Natur durchaus auch Vertikalbewegungen an steilstehenden Klüften realisiert sein können, dokumentiert Abb. 39. Als mögliche Ursache für ein solches Absinken von Teilschollen aus dem Schichtverband kommen in erster Linie Materialabwanderungen im Untergrund (beispielsweise durch Salzablaugung) in Frage. Über ein Beispiel weitaus größerer Dimension, das der in Abb. 39 gezeigten Situation entspricht, berichten MCGILL & STROMQUIST (1979). Die Autoren analysierten ein hervorragend aufgeschlossenes System von Gräben aus dem Westen der USA, bei dem die Verschiebung der einzelnen Grabenschollen zumindest oberflächennah entlang von großdimensionierten vertikalen Kluftflächen erfolgte.

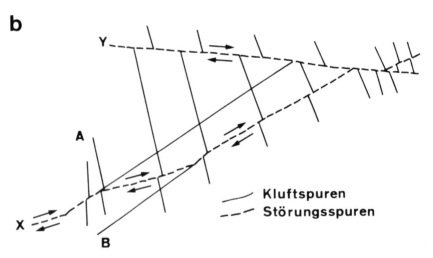

Abb. 37 a) Teilansicht einer freiliegenden Schichtfläche (Unterer Malm) mit deutlichen Kluft- und Störungsspuren; Steinbruch der Zementfabrik Holderbank, östlicher Faltenjura/Schweiz.

b) Kartierung des Verlaufs einiger ausgewählter Trennflächenspuren. An beiden Störungen erfahren die Klüfte der hier dominierenden Schar (A) einen meßbaren Versatz, Störung Y versetzt gleichzeitig auch Störung X. Besonders auffällig ist der dreifache sprunghafte Richtungswechsel der Störung X, wobei an zwei Knickpunkten unmittelbar gleichgerichtete Kluftlinien (B) anschließen. Offensichtlich wurden hier Teilabschnitte zweier Klüfte für Ausgleichsbewegungen im Schollenmosaik benutzt, während die angrenzenden Teilstücke nicht reaktiviert wurden. Ungestört gekreuzt wird die Störung X im unteren Bildbereich von einigen Klüften einer jüngeren Schar (Pfeile).

Abb. 38 Modellhafte Kluftkörperrotationen in einer Gesteinsbank, Oberer Malm, Thüste/Hils.

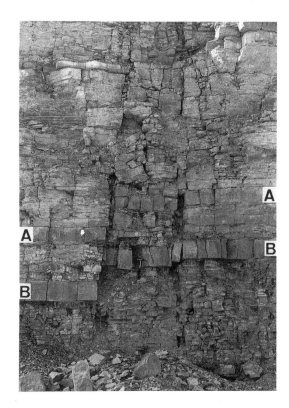

Abb. 39 Vertikale Blockverschiebungen entlang von präexistenten Klüften, Steinbruch im Oberen Muschelkalk bei Lemgo.

3.2.3 'Syndeformative' Klüftung

Bei regionalen Bearbeitungen der **Klüftungsverhältnisse in gefalteten Schicht-folgen** wird besonders im deutschsprachigen Raum zur Beschreibung der **relativen** Lagebeziehungen zwischen Klüften und Falten traditionell ein **Koordinatensystem** mit drei senkrecht aufeinander stehenden Achsen (a/b/c) verwendet ('Gefügekoordinaten'). Innerhalb dieses Bezugssystems werden die von jeweils zwei Koordinatenachsen aufgespannten Ebenen üblicherweise als **ab-, ac-** bzw. **bc-Flächen** bezeichnet (Abb. 40a), während Flächen anderer Lage mit den in der Kristallographie gebräuchlichen **Indizes (hkl)** gekennzeichnet werden. Enthält eine Fläche genau eine der Achsen, wird der Buchstabe an der entsprechenden Stelle im Index durch eine Null ersetzt (**hk0-, h0l-, 0kl-Fläche**: Abb. 40b).

Voraussetzung für eine sinnvolle Anwendung des skizzierten **geometrischen** Bezugssystems ist zunächst eine **eindeutige** Festlegung der Koordinatenachsen relativ zum Faltenbau. Nach den Vorstellungen von SANDER (1930), die lange Zeit für die Verfahrensweise bei Gefügeuntersuchungen prägend waren, sollten hierbei bereits genetische Gesichtspunkte berücksichtigt werden. Die Koordinaten a und b sollten demnach mit der 'Hauptrichtung des tektonischen Transportes' bzw. der 'Formungsachse' zusammenfallen. Gegen den erstgenannten Begriff bestehen inzwischen jedoch erhebliche Vorbehalte. Nach heutigen Kenntnissen über den Ablauf von Deformationsprozessen ist er zur exakten Beschreibung der Verformungsgeschichte eines Gesteinskörpers kaum geeignet (HOBBS et al. 1976: 280, WALLBRECHER 1986: 100, WEBER 1981: 134; vgl. auch RAMSAY & HUBER 1987: 647). Die Koordinatenachsen sollten dementsprechend auch

Abb. 40 Nomenklatur von Flächen allgemeiner Lage innerhalb des Koordinatensystems a/b/c (nach ADLER et al. 1965, ADLER 1977). Der Koordinatenursprung befindet sich im Zentrum des jeweiligen Würfels.

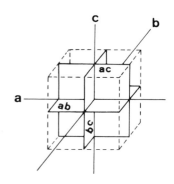

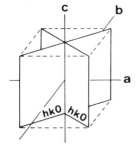
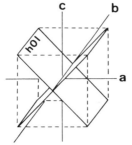
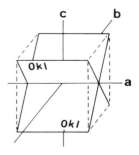

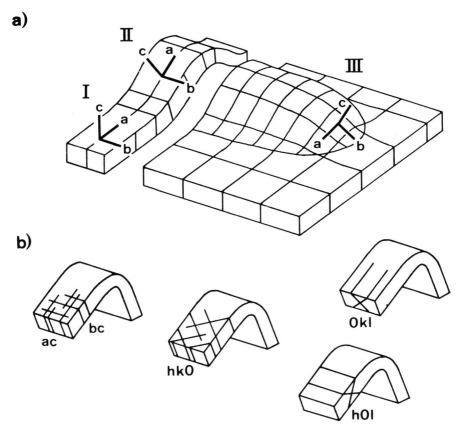

Abb. 41 a) Orientierung eines Koordinatensystems zur Beschreibung der relativen Lagebeziehungen von Klüften innerhalb einer Falte in drei unterschiedlichen Situationen: im Bereich flacher Lagerung (I), auf einer Faltenflanke bei horizontaler Lage der Faltenachse (II), im Bereich umlaufenden Streichens einer abtauchenden Falte (III) (die durchgezogenen Linien verlaufen in ac- bzw. bc-Richtung);
b) Bezeichnungen bestimmter Flächenlagen auf einer Faltenflanke bei definiertem Schichteinfallen (Situation II in Abb. a).

nicht als kinematische Achsen im Sinne SANDERs, sondern zunächst nur als konstruktive geometrische Bezugselemente verstanden werden, deren Bedeutung bei genetischen Interpretationen jeweils zu klären bleibt.
Das Achsenkreuz wird im Bereich einer Falte üblicherweise so orientiert, daß die ab-Fläche parallel, die c-Achse folglich senkrecht zur Schichtung gerichtet ist und gleichzeitig die b-Achse parallel zur Faltenachse verläuft. Bei dieser Art der Positionierung liegt die a-Achse auf einer Faltenflanke in der Einfallsrichtung der Schicht, sofern die Faltenachse horizontal verläuft (Abb. 41a: II), Abweichungen ergeben sich demgegenüber bei abtauchenden Faltenachsen. Besondere Verhältnisse bestehen speziell im Bereich umlaufenden Schichtstreichens am Faltenen

de, wo sich schließlich nicht die a- sondern die b-Achse mit der Einfallsrichtung der Schicht deckt (Abb. 41a: III). Im Querprofil betrachtet verändern a- und c-Achse mit wechselndem Schichteinfallen innerhalb einer Falte gesetzmäßig ihre Lage, während die b-Achse konstant ihre Position beibehält (Abb. 41a: I, II). ac-, bc- und hk0-Flächen sind bei der eben beschriebenen Orientierung der Gefügekoordinaten bankrecht, h0l- und 0kl-Flächen bankschräg angeordnet (Abb. 41b). Von H. CLOOS wurden ac- und 0kl-Flächen allgemein als **Querklüfte** (senkrecht zur Faltenachse streichend), bc- und h0l-Flächen als **Längs-**, hk0-Flächen als **Diagonalklüfte** (parallel bzw. diagonal zur Faltenachse streichend) bezeichnet (im englischsprachigen Raum: Längskluft = 'strike joint' oder 'longitudinal joint'; Querkluft = 'dip joint', 'cross joint' oder auch 'crossfold joint').

Zusammen bilden die verschiedenen aufgeführten Flächenscharen das theoretische Grundmuster faltungsbezogener Klüftung. Wie viele und welche der verschiedenen Flächenlagen während eines Faltungsvorganges aber tatsächlich zur Ausbildung kommen, hängt von den jeweiligen Spannungssituationen ab, die sich während der einzelnen Stadien der Deformation in einer Schichtfolge entwickeln; hierfür sind neben dem **regionalen Spannungsplan** auch die **strukturelle Position** innerhalb einer Falte und die jeweiligen **Materialeigenschaften** der einzelnen Schichten maßgebend (Abschn. 4.4, 4.6).

In Publikationen über die Klüftungsverhältnisse in Faltenstrukturen wird besonders häufig ein Teilgefüge bestehend aus einer ac-Flächenschar zusammen mit zwei **symmetrisch zur Faltenachse** angeordneten hk0-Flächenscharen beschrieben (Abb. 42, 43). Die Entstehung der genannten Scharen wird im allgemeinen auf die zur Faltung führende Kompression und die damit verbundene Querdehnung parallel zur Faltenachse zurückgeführt. Bruchmechanisch betrachtet werden ac-Flächen als **Trennbrüche** parallel zur Richtung der größten (einengenden) Hauptspannung (σ_1) eingestuft, im Unterschied zu den hk0-Flächen, die als diagonal zur größten Hauptspannung entstandene **Scherbrüche** interpretiert werden (Abb. 42: I; zur Bestimmung der genannten Begriffe s. Abschn. 4.2).

Ebenfalls als Scherbrüche werden h0l- und die eher seltenen 0kl-Flächenpaare gedeutet, deren Raumlage möglichen Auf- bzw. Abschiebungen im Faltenbau entspricht. h0l-Flächen können auf zwei unterschiedliche Spannungszustände bezogen werden, bei denen die größte Hauptspannung entweder schichtparallel ('einengend': Abb. 42: II) oder schichtnormal orientiert ist ('ausdehnend': Abb. 42: III). Für die Bildung von 0kl-Flächen wird demgegenüber nur eine schichtnormale Stellung von σ_1 in Betracht gezogen (Abb. 42: IV).

Hinsichtlich des Entstehungszeitpunktes der verschiedenen Flächenlagen läßt sich nach der gängigen Auffassung eine Zweiteilung vornehmen. Flächen, für deren Entstehung eine schichtparallele Maximalspannung zu fordern ist (ac, hk0, 'einengende' h0l), werden von den meisten Autoren in das Stadium wachsender Kompression in der Früh- bzw. Hauptphase einer Faltung, 'ausdehnende' h0l- sowie 0kl- und bc-Flächen überwiegend in ein Spätstadium der Faltung bei bereits weitgehend abgeklungener Kompression gestellt ('Hebungsphase'). Im Unterschied dazu postuliert ein von PRICE (1966) entwickeltes Modell für die Kluftentstehung insgesamt ein post-Faltungsalter. Nach diesem Modell wird die Orientierung der Klüfte durch Restspannungen kontrolliert, die während der vorausgegangenen Faltung im Gestein gespeichert wurden.

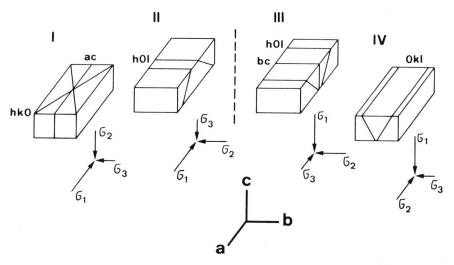

Abb. 42 Theoretische Spannungsverhältnisse (qualitativ) bei der Entstehung von Klüften bestimmter Flächenlagen in bezug auf eine Falte.

Verglichen mit dem bisher erläuterten einfachen Schema werden in der Geländepraxis nicht selten aber auch weitaus kompliziertere Verhältnisse angetroffen, bei denen gesetzmäßige Winkelbeziehungen zwischen der Ausrichtung der Faltenachsen und der Orientierung der auftretenden Klüfte nur zum Teil oder gar nicht zu erkennen sind. In solchen Fällen ist zunächst zu berücksichtigen, daß die Interpretation von Klüftungsdaten von der **aktuellen Orientierung** der Klüfte in bezug auf den Faltenbau ausgeht. Diese spiegelt jedoch nur den Endzustand der Deformation wider. Die heute in einem Aufschluß angetroffene Situation kann merklich von der ursprünglichen Situation zum Bildungszeitpunkt der Klüftung abweichen, wenn im Anschluß an die Kluftbildung noch weitergehende lokale Verbiegungen der Schichten bzw. der Faltenachsen erfolgten, die sich heute schwer rekonstruieren lassen. Das gilt besonders auch, wenn im Faltenbau Störungen auftreten, an denen während der Deformation **Schollenrotationen** stattfanden. Bereits existierende Klüfte können durch solche Teilschollenbewegungen wesentliche Lageveränderungen erfahren, die aus der Situation eines einzelnen, zufälligen Aufschlusses heraus oft nur schwer abzuschätzen sind.

Zu berücksichtigen ist auch, daß bereits angelegte Trennflächen bei **veränderten Spannungsverhältnissen** im Verlauf der Entwicklung einer Falte unter Umständen durch eine **neue Generation** von Klüften überlagert werden. Im Unterschied zur ersten Generation zeigen die meisten dieser Trennflächen dann häufig keine einfache Beziehung zum übergeordneten Spannungsplan. Wie schon bei den Reaktivierungsphänomenen erläutert, kann das 'regionale' Spannungsfeld durch bereits existierende Trennflächen lokal erheblich modifiziert werden. Unter Umständen bilden sich in den von den vorhandenen Trennflächen begrenzten Teilschollen lokale Spannungssituationen heraus, die sich von Teilbereich zu Teilbereich sowohl in der Ausrichtung als auch in der Intensität unterscheiden

Abb. 43 Aufsicht auf eine geneigte Schichtfläche mit markanten Kluftspuren. In seiner Geometrie entspricht das erkennbare Kluftnetz einem aus Faltengebirgen vielfach beschriebenen Grundmuster: neben einer dominanten ac-Schar (im Bild von oben nach unten verlaufend) und untergeordneten bc-Flächen existieren zwei nahezu symmetrisch zur Faltenachse verlaufende Scharen in hk0-Position. Sattelflanke in Kulmtonschiefern, Okertal/Oberharz.

Abb. 44 Zweischarig angeordnete Kluftflächen in h0l-Position in einer einzelnen Gesteinsbank; Schichtverlauf von links oben nach rechts unten. Kulmtonschiefer, Schulenberg/Oberharz.

können. Das trifft besonders dann zu, wenn in einer Schichtfolge neben Klüften auch Störungen vorhanden sind oder wenn entlang der früh gebildeten oder wirklich präexistenten Klüfte im weiteren Verlauf der Deformation sekundär Verschiebungen erfolgen. Lage, Orientierung und Verteilung der neu entstehenden Klüfte können sich folglich innerhalb der einzelnen Teilschollen deutlich unterscheiden, Kluftflächen gleicher mechanischer Funktion (z. B. Trennbrüche parallel zur maximalen Hauptspannung) selbst in benachbarten Bereichen durchaus wechselnde Orientierungen einnehmen.

Gerade die zuletzt diskutierten Aspekte sind auch der Grund, weshalb komplexe Klüftungsdaten aus Faltengebirgen häufig nur schwer interpretierbar sind und das oben beschriebene System der Flächenindizierung, sofern es mit genetischen Interpretationen verknüpft wird (z. B. hk0-Fläche : = Scherkluft), leicht zu unrealistischen Einschätzungen führt. In vielen Fällen kann aus der heute zu beobachtenden Lage und Orientierung einer Kluft in bezug auf den Faltenbau nur dann realistisch auf den Spannungsplan bei der Bruchentstehung geschlossen werden, wenn gleichzeitig auch der genaue Ablauf der bruchlosen Verformung wie auch einige andere Prozesse und Rahmenbedingungen hinreichend bekannt sind (Abschn. 4.6).

Quantitative Untersuchungen über das Bruchverhalten bereits geklüfteter Gesteinskörper, die als Grundlage für eine Interpretation von Geländedaten dienen könnten, liegen erst in geringem Umfang und für vergleichsweise einfache Situationen vor. So wird bei Laborexperimenten in der Regel zwar der Einfluß einzelner Parameter kontrolliert untersucht, in der Natur jedoch wird die Bruchbildung in einer geklüfteten Schicht von einer Vielzahl verschiedener Faktoren gleichzeitig gesteuert (von der speziellen lokalen Geometrie des Kluftnetzes über den jeweiligen Scherwiderstand der einzelnen Trennflächen bis zur Intensität der Belastung). Einige Untersuchungsergebnisse, die das Thema berühren, finden sich in den Publikationen von MÜLLER & FECKER (1978) und BLES & FEUGA (1986: Abschn. 3.3, 3.4).

Ergänzend zu den vorangegangenen Erläuterungen allgemeiner Merkmale von Kluftnetzen in kompressiv verformten Schichtfolgen sollen im folgenden noch einige spezielle Phänomene diskutiert werden, die Aspekte **'Störungsbegleitklüftung'**, **'Radialklüftung'**, **'Bruchschieferung'** und **'Bruchflächen in Scherzonen'**.

Mit der Frage nach dem Einfluß von Schollenbewegungen an Störungen auf die Kluftbildung in der Nachbarschaft einer Störung haben sich zuletzt besonders deutsche Autoren befaßt (u. a. ADLER 1977, 1982, MURAWSKI 1979). Anlaß war die für die Bergbaupraxis bedeutsame Frage, ob durch systematische Kluftnetzuntersuchungen beim Vortrieb bereits frühzeitig Voraussagen über Auftreten und Art einer Störung im Vorfeld möglich sind. Nach Auffassung der genannten Autoren können Störungsvorgänge unter Umständen zur Bildung von 'Störungsbegleitgefügen' mit störungsparallelen, syn- oder antithetisch zur Störung orientierten Klüften führen (vgl. auch MATTAUER 1973: Abb. 5.17) oder auch andere, vom 'Normalgefüge' der Umgebung abweichende Besonderheiten hervorrufen. Als Beitrag zu dieser Thematik dokumentiert Abb. 45 anhand eines selten günstig aufgeschlossenen Beispiels Beziehungen zwischen Klüften und Überschiebungen in einem Aufschluß an der englischen Südküste (zur regionalgeologischen Situation vgl. LEDDRA et al. 1987). Eine weiträumig aufge-

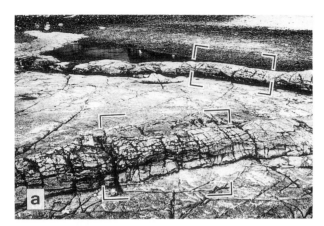

Abb. 45 Teilansicht einer freiliegenden Schichtfläche in der Kimmeridge Clay Formation, Übersicht (a) und Ausschnitte (b,c); Kimmeridge Bay, engl. Südküste.

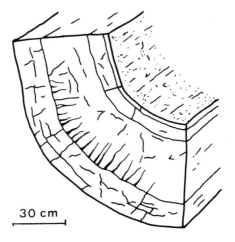

Abb. 46 Zugrisse an der konvexen Seite einer Schicht innerhalb einer Falte; Oberhof/Faltenjura. Für die Bruchentstehung spielte erkennbar auch die Schichtmächtigkeit eine Rolle (die Radialklüfte sind auf eine vergleichsweise mächtige Bank beschränkt).

30 cm

schlossene Dolomitlage ist hier in ein Netzwerk zahlloser Schollen aufgelöst, die randlich entlang von Überschiebungsbahnen, jeweils flache Rampen bildend, auf angrenzende Schollen überschoben sind. Die Abbildung zeigt zwei spitzwinklig zueinander verlaufende Überschiebungen mit deutlichem Bezug der Klüftung **an den Rampen** zur jeweiligen Ausrichtung der Störungen (Kluftausrichtung jeweils senkrecht und parallel zum Störungsstreichen), während im 'Vorland' der Störungen solche Gesetzmäßigkeiten nicht zu erkennen sind. Denkbar ist eine solche Kluftbildung durch Schollenverschiebungen über Rampen auch bei Überschiebungen weitaus größerer Dimension.

Ein bekanntes, oft beschriebenes Klüftungsphänomen stellen Zugrisse an der Außenseite einer gebogenen Schicht innerhalb einer Falte dar ('**Radialklüfte**': Abb. 46), die ihre Entstehung dem Biegungsvorgang selbst verdanken (im Unterschied zu den oben diskutierten Klüften, die auf ein regionales Streßfeld zurückgehen). Sie ordnen sich in etwa bankrecht an, verlaufen annähernd parallel zur Faltenachse und zeigen häufig einen charakteristischen keilförmigen Querschnitt. Ausführlich diskutiert wird ihre Bildungsweise von JAROSZEWSKI (1984: 416).

Sedimentgesteine, insbesondere Karbonate, die zeitweilig einer intensiven Kompression unterlagen, weisen manchmal ein auffallendes, parallel zu einer Faltenachse oder zu einer Aufschiebung streichendes Flächengefüge auf (Abb. 47). Wegen der außerordentlich geringen Trennflächenabstände wird für dieses Phänomen in der Literatur gelegentlich der Begriff **Bruchschieferung** ('fracture cleavage') verwendet. In älteren Publikationen werden solche engständigen Trennflächen meist als Klüfte interpretiert (z. B. ASHGIREI 1963: 189). Nach neueren Untersuchungen (u. a. ALVAREZ et al. 1976) wird das beschriebene Phänomen jedoch nicht mehr auf Bruchprozesse, sondern auf druckinduzierte Lösungsvorgänge **ohne zwischenzeitlichen Kohäsionsverlust** zurückgeführt (DAVIS 1984: 401). Als Indiz für diese Interpretation dienen die entlang der Flächen regelmäßig zu beobachtenden tonreichen Lösungsrückstände. Zur klaren Abgrenzung der unterschiedlichen Bildungsweisen (Drucklösung einer-

Abb. 47 Engständiges, lösungsbedingtes Flächengefüge in steilstehenden bis überkippten (oben) Oberkreidekalken; Steinbruch bei Hilter/Osning. Als Maßstab vgl. Hammer am unteren Bildrand.

seits, bruchhafte Verformung andererseits) wurde der Begriff 'fracture cleavage' im englischen Sprachgebrauch inzwischen durch 'spaced cleavage' ersetzt.

Auf die Thematik 'Bruchflächen in Scherzonen' wird in einem gesonderten Abschnitt (3.2.4) eingegangen.

Ähnlich wie in kompressiv verformten (gefalteten) Schichtfolgen werden auch bei Kluftnetzuntersuchungen in Gebieten, die durch **Extensionsvorgänge** bzw. durch **vertikale Schollenbewegungen** gestaltet wurden (Grabenzonen, Uplifts etc.), üblicherweise Vergleiche zwischen den Raumlagedaten der verschiedenen auftretenden Strukturen vorgenommen, um die mögliche Zuordnung der Klüftung zu den regionalen Verformungsprozessen zu klären. Daher werden auch bei Verbiegungen (Beulen), wie sie etwa im Dach von Salzstöcken auftreten, die Begriffe Quer- und Längskluft, seltener auch Diagonalkluft verwendet, bezogen auf die jeweilige Lage der Beulenachse.

Wenn die Schichtverstellung und die Kluftbildung bei der Entstehung einer **Beule** zeitlich und genetisch zusammenhängen, bestehen nach allgemeiner Auffassung gesetzmäßige geometrische Beziehungen zwischen der Beulenform und der Ausrichtung der sich entwickelnden Klüfte. Die Orientierung der Klüfte ändert sich in diesem Fall **konform** mit Schichtstreichen bzw. -einfallen, Längs- und Querklüfte zeigen dann eine konzentrische bzw. radiale Anordnung (SCHMIDT-THOMÉ 1972). Geländedaten, die sich in etwa mit diesen Vorstellungen decken, wurden von GRUNEISEN et al. (1973) publiziert.

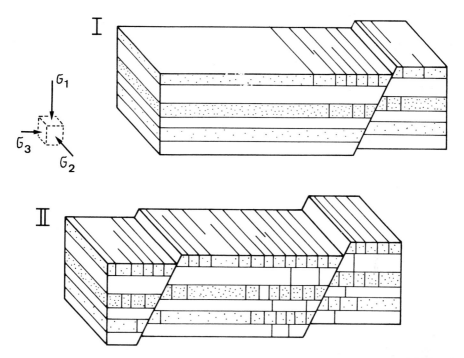

Abb. 48 Entwicklung von Klüften in Extensionsbereichen (modifiziert nach ANGELIER & COLLETTA 1983: Fig.1).

Bei experimentellen und analytischen Untersuchungen zur Bruchbildung in Aufwölbungen mit kreisförmigem oder elliptischem Grundriß konnten WITHJACK & SCHEINER (1982) nachweisen, daß die Geometrie des Bruchmusters in einer Beule auch von der Art der 'regionalen' Spannungsfeldes (kompressiv, distensiv) während der Schichtverbiegung abhängt. Mit wachsender Bedeutung der horizontal wirkenden Spannungsanteile vermindert sich demnach der Einfluß der Beulenform auf die Ausrichtung der entstehenden Bruchflächen. Ihre Orientierung wird dann vor allem von der regionalen Kompressions- bzw. Extensionsrichtung kontrolliert.

Daten über die Bruchbildung in einer experimentell aufgewölbten Schicht, die bereits eine vorgegebene Trennflächenschar enthielt, wurden von EKKERNKAMP (1939) publiziert. Systematisch variiert wurde in diesen Versuchen der Winkelabstand zwischen Beanspruchungs- und Trennflächenrichtung. Ein Ergebnis der Untersuchung war, daß bei geringen Winkeldifferenzen hauptsächlich Reaktivierungen präexistenter Trennflächen erfolgten, während neue Trennflächen nur in geringem Umfang angelegt wurden. Bei Versuchen mit größeren Winkelabständen wurde weiterhin deutlich, daß die schon vorhandenen Trennflächen auch Einfluß auf die Orientierung neu entstehender Trennflächen nehmen können.

Richtungsparallelitäten zwischen Kluftscharen und regional bedeutsamen **Abschiebungen** in Extensionsbereichen wurden schon in älteren Arbeiten häufiger beschrieben (u. a. MÜLLERRIED 1921). Über die Annahme einer 'gemeinsamen Ursache' hinaus bestanden bei den Autoren lange Zeit jedoch offensichtlich kaum genaue Vorstellungen über die möglichen mechanischen Zusammenhänge bei der Bildung der unterschiedlichen Bruchformen. So wurde das beobachtete Kluftnetz oft nur als 'Folgeerscheinung' der Verschiebungen an den einzelnen Störungen gedeutet. Erst vor wenigen Jahren wurde eine Arbeit publiziert, die sich ausführlicher mit dem Thema befaßt (ANGELIER & COLETTA 1983). Nach dem Modell dieser Autoren werden die sich entwickelnden Spannungen in einem Extensionsbereich zunächst über die Bildung von Klüften senkrecht zur kleinsten Hauptspannung (σ_3), bei weiter zunehmenden Spannungen dann über erste Störungen bei gleichzeitiger Verdichtung des Kluftnetzes abgebaut. In Abb. 48 sind diese Vorstellungen in modifizierter Form dargestellt. Berücksichtigt werden hier zusätzlich wechselnde Materialeigenschaften der beteiligten Schichten.

3.2.4 Bruchflächen in Scherzonen

Scherzonen sind nach der allgemeinen Definition von RAMSAY (1980) langgezogene Bereiche (Längen-/Breitenverhältnis >5:1) hoher Verformungsintensität innerhalb einer weniger stark deformierten Umgebung. Nach der Art der Verformung läßt sich unterscheiden zwischen **duktilen** Scherzonen (bei denen sich die Verformungsintensität quer zur Zone **kontinuierlich** ändert), **spröden** Scherzonen (praktisch eine einzelne Störungsfläche) sowie **spröd-duktilen** Scherzonen, die als Übergangsformen zwischen den genannten Endgliedern wechselnde Anteile bruchloser und bruchhafter Verformung vereinigen. Scherzonen existieren in den unterschiedlichsten Größenordnungen, eingegangen wird im folgenden allerdings nur auf solche Phänomene, die im Rahmen von Kluftnetzuntersuchungen in Geländeaufschlüssen von Interesse sind.

Typisch für kleinere spröd-duktile Scherzonen sind en echelon gestaffelte, nicht selten mineralisierte Bruchflächen, die - sicher nicht zuletzt wegen ihres meist auch optisch attraktiven Erscheinungsbildes - viel diskutiert wurden und werden. In neueren Arbeiten werden Geländebeobachtungen zum Thema u. a. von HANCOCK (1972), BEACH (1975), RICKARD & RIXON (1983), RAMSAY (1980) und RAMSAY & HUBER (1983, 1987) vorgestellt. Über Geländeuntersuchungen hinaus wurde daneben schon früh versucht, die Entwicklung von Bruchstrukturen in Scherzonen experimentell nachzuvollziehen, um so zu einem besseren Verständnis beobachteter Phänomene zu gelangen. Angefangen von den klassischen Tonexperimenten von CLOOS (1936) und RIEDEL (1929) wurde bis heute eine stattliche Anzahl von Versuchen mit unterschiedlichen Materialien unter wechselnden Versuchsbedingungen durchgeführt (u. a. TCHALENKO 1970, WILCOX et al. 1973, BARTLETT et al. 1981, NAYLOR et al. 1986).

Kurz betrachtet werden sollen hier die beiden folgenden prinzipiellen Situationen:

(a) Entwicklung von Trennbrüchen senkrecht zur minimalen Hauptspannung im Grenzbereich zweier Schollen mit unterschiedlicher Bewegungstendenz ('simple shear model')

(b) Bruchentwicklung über einer Blattverschiebung im Unterlager.

(a) Der Idealfall einer progressiven Entwicklung von Trennbrüchen innerhalb einer Scherzone in einem homogenen Gesteinskörper ist in Abb. 49 skizziert. Die im Zentrum einer Scherzone entstehenden Bruchflächen schließen im Idealfall anfänglich einen Winkel von 45° mit der Richtung der Scherzone ein (Orientierung senkrecht zur kleinsten Hauptspannung σ_3, Abb. 49b). Mit zunehmendem Verschiebungsbetrag und gleichzeitiger Verbreiterung der Scherzone werden die bestehenden Teilstücke rotiert (dabei meist auch geöffnet), während an den Rißspitzen die Bruchentwicklung weitergeht (Abb. 49c,d). Die neu angelegten Teilstücke sind im Moment ihrer Entstehung wiederum stets mit 45° zur Scherzone gerichtet, so daß sich als Folge schließlich ein sigmoidaler Bruchverlauf ergibt. Bei anhaltender Verschiebung im Zentralbereich der Scherzone kann die erste Bruchgeneration eventuell durch weitere, sich in gleicher Weise entwickelnde Generationen überlagert werden (Abb. 49d).

Auf die Orientierung der entstehenden Trennbrüche können sich nach RAMSAY & HUBER (1983: Fig. 3.21) auch Volumenänderungen innerhalb der Scherzone auswirken. Demnach kann eine Volumenverminderung eine Winkelvergrößerung ($>45°$) bewirken und umgekehrt eine Volumenvergrößerung eine Winkelverminderung ($<45°$). Auch für die Diskussion der Auswirkungen nicht parallel verlaufender Scherzonenränder oder Beschreibungen der Trennbruchmerkmale in konjugierten Scherzonen sei auf die genannten Autoren (1983, 1987) verwiesen.

(b) Erkenntnisse über die Geometrie von Bruchstrukturen, die in einer Schicht als Folge einer Blattverschiebung (entlang einer primären Störung oder auch einer reaktivierten Kluft) in der unterlagernden Schicht angelegt werden, sind insbesondere auf experimentelle Untersuchungen zurückzuführen (Abb. 51). Bei den Versuchen der oben genannten Autoren entwickelten sich in der Scherzone oberhalb der Blattverschiebung übereinstimmend zunächst gestaffelte **Riedel shears** (R-shears) mit einem spitzen Winkel (um 15-20°) zur Scherzone, mit zunehmendem Verschiebungsbetrag der 'Basement'-Störung dann auch anders orientierte, zwischen den Riedel shears vermittelnde Trennflächen. Letztere ließen sich nach ihren Winkelbeziehungen zur Scherzone wiederum in bestimmte Gruppen gliedern, so u. a. in antithetische Riedel shears (**R'-shears**) mit einem mittleren Winkelabstand von 75° und **P-shears** mit einem mittleren Winkelabstand von -15°. In Experimenten mit Ton als Versuchsmaterial wurden daneben auch Trennbrüche diagonal (45°) zur Scherzone beobachtet.

Daß die Geometrie des Bruchmusters in der Scherzone auch von den Spannungsbedingungen abhängt, die in der experimentell verformten Schicht während des Verformungsprozesses herrschen, wurde von NAYLOR et al. (1986) nachgewiesen. Untersuchungen mit einer speziellen Versuchsanordnung zeigten, daß sich der mittlere Winkel, den die Riedel shears mit der Scherzone einschließen, bei Kompression senkrecht zur Blattverschiebung um

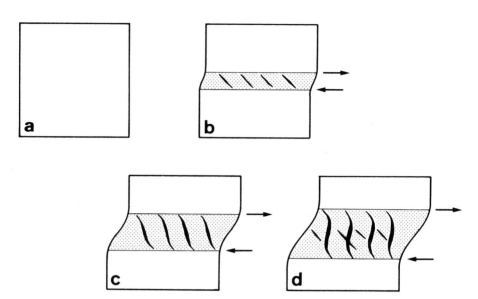

Abb. 49 Modell der Entwicklung en echelon gestaffelter Trennbrüche in einer Scherzone; (a): Ausgangssituation, (b - d): Entwicklungsstadien bei zunehmendem Versetzungsbetrag, Scherzone punktiert; nach RAMSAY & HUBER (1983).

Abb. 50 Trennbruchstaffel in einer schichtparallelen Scherzone in gefalteten Kulmplattenkalken. Mineralisierte Bruchflächen sind hier auf eine einzelne, an ihrer dunkleren Färbung zu erkennende Schicht beschränkt, die während der Faltung offensichtlich insgesamt als Scherzone zwischen zwei Bänken mit unterschiedlichen Bewegungsraten (Faltungsvorschub!) fungierte. Steinbruch bei Herdringen/nördliches Rheinisches Schiefergebirge.

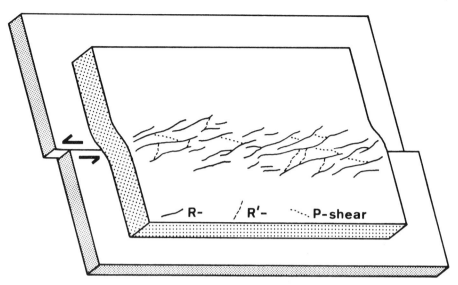

Abb. 51 Schematisiertes Modell einer experimentell erzeugten Scherzone über einer 'Basement'-Blattverschiebung.

Abb. 52 En echelon gestaffelte Riedel shears in einer Scherzone in Kulmtonschiefern. An einigen Bruchflächen sind im mittleren Bereich geringe vertikale Versetzungen nachweisbar, während im Endbereich dieser Trennflächen zumindest makroskopisch Verschiebungen nicht mehr zu erfassen sind. Okertal/Oberharz.

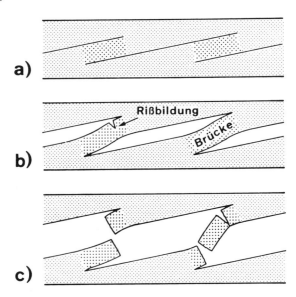

Abb. 53 Schematisierte Darstellung der Entwicklung einer Randkluftzone bei einer Öffnung der Kluftstaffel (nach NICHOLSON & POLLARD 1985: Fig. 1).
a) Erscheinungsbild einer Randkluftzone in einer Schnittebene senkrecht zur Kluftorientierung vor einer merklichen Kluftöffnung
b) Biegung der Brücken zwischen sich überlappenden Klüften bei zunehmendem Öffnungsbetrag
c) Stadium nach dem Durchreißen der Brücken.

Abb. 54 Aufnahmen zweier gegenüberliegender Seiten eines Handstückes aus dem Übergangsbereich einer 'Haupt'-Kluftfläche in eine Randkluftzone. Der Abstand zwischen den beiden senkrecht zur (zementierten) Kluft verlaufenden Schnittebenen beträgt 4,5 cm. Grauwacke (Oberkarbon), Altenau/Oberharz.

einiges erhöhen kann. In Versuchen, in denen die Kompressionsrichtung parallel zur 'Basement'-Störung verlief, entstanden Riedel shears hingegen nur noch selten, stattdessen wurde meist gleich eine durchgehende Störung gebildet.

Verschiebungen an Riedel shears können sowohl laterale als auch vertikale Komponenten umfassen, die Verschiebungsweiten betragen allerdings nur einige Bruchteile der Trennflächenlänge. Bei Scherzonen kleiner Dimension sind Versetzungen daher oft nur schwer nachweisbar (Abb. 52).

Mit einer Trennflächenstaffel ganz anderer Art, die im Unterschied zu den bisher beschriebenen Formen nicht auf Schervorgänge sondern auf die **Ausdehnung** eines Gesteinskörpers zurückgeht, befaßten sich kürzlich NICHOLSON & POLLARD (1985). In Abschn. 2.4 (Abb. 9) wurde das Aufspalten einer Kluft in eine Vielzahl kleinerer Klüfte beschrieben, die spitzwinklig zu der zugehörigen 'Haupt'-Kluft gerichtet sind ('Randkluftzone'). Im Querprofil betrachtet, ergibt sich für die Randklüfte eine Anordnung, die eine bemerkenswerte Ähnlichkeit mit einer Trennflächenstaffel innerhalb einer Scherzone zeigen kann (Abb. 10). Bei einer **Öffnung** der gesamten Kluftstaffel ('Haupt'-Kluft inklusive Randklüfte) werden die **Brücken** zwischen den sich überlappenden Randklüften so verbogen, daß die einzelnen Klüfte auch hier eine sigmoidale Gestalt annehmen (Abb. 53b). Eine weitergehende Öffnung kann zum Ein- und Durchreißen der Brücken führen, so daß schließlich ein durchgehender Riß entsteht, für den gegenüberliegende Stufen in der Kluftwandung (die Teilstücke der ehemaligen Brücken) typisch sind (Abb. 53c).

Wegen der beschriebenen Ähnlichkeiten zwischen Formen, die auf einer **Ausdehnung** eines Gesteinskörpers beruhen, und Formen, die durch **Scherung** entstanden sind, ist die genetische Interpretation gestaffelt angeordneter Trennflächen in einer einzelnen Schnittlage nicht immer leicht. Hilfreich sind hier Untersuchungen in verschiedenen Anschnittebenen (NICHOLSON & EJIOFOR 1987, Abb. 54).

4 Vorstellungen zur Entstehung von Klüften und Kluftsystemen

4.1 Vorbemerkungen

Fragen der Bruchentstehung in natürlichen und künstlichen Materialien waren und sind Gegenstand einer außerordentlich großen Zahl von experimentellen und analytischen Untersuchungen, die bis heute zu einer Fülle von Daten und umfangreichen Theorien zur Bruchbildung und -entwicklung geführt haben. Die Übertragung und Anwendung der Laborergebnisse auf Klüftungsphänomene in der Natur ist jedoch bislang noch wenig zufriedenstellend. Zu den wesentlichen Gründen für diese Situation zählt sicherlich, daß der Ablauf von Bruchprozessen in der Natur von einer Vielzahl von Parametern kontrolliert wird, deren wechselseitige Beziehungen generell noch unzureichend geklärt sind oder deren quantitative Bedeutung bei Vorgängen in der geologischen Vergangenheit heute nur schwer abzuschätzen ist. Im folgenden wird versucht, diejenigen Prozesse und Rahmenbedingungen, die nach dem bisherigen Kenntnisstand bei der Entstehung von Klüften und Kluftsystemen beteiligt sind, qualitativ aufzuzeigen. Bruchmechanische Grundlagen, die bereits an anderer Stelle umfassend dargestellt wurden, können hier allerdings nur kurz umrissen werden. Ausführlichere Ableitungen verwendeter Grundbegriffe finden sich in den strukturgeologischen Lehrbüchern von HOBBS et al. (1976), JAROSZEWSKI (1984), DAVIS (1984), SUPPE (1985) und RAMSAY & HUBER (1987). Auf Arbeiten zu speziellen Teilaspekten wird darüber hinaus im jeweiligen Zusammenhang hingewiesen.

Klüfte entstehen unter bestimmten Bedingungen als bruchhafte Reaktion eines Gesteinskörpers auf **Spannungen**, sofern diese die zulässigen Grenzwerte der Materialfestigkeit überschreiten. Grundlage für das Verständnis von Klüftungsphänomenen sind daher zum einen hinreichende Kenntnisse über die Spannungsentwicklung in einer Schichtfolge mit wechselnden **Materialeigenschaften** bei unterschiedlichen Vorgängen und Rahmenbedingungen. Darüberhinaus interessieren zum anderen auch die **Bildungsmechanismen**, die die Geometrie der einzelnen Klüfte bzw. die des Kluftnetzes kontrollieren und schließlich ist nach den geologischen Vorgängen zu fragen, die als **Ursache** der Spannungen, die zur Kluftentstehung führen, in Betracht kommen.

4.2 Bruchformen

In der Bruchmechanik werden drei prinzipielle Mechanismen der **Rißöffnung** unterschieden, für die im englischsprachigen Raum die Begriffe 'mode I - III' verwendet werden (Abb. 55). Bei der Bildungsart I (Abb. 55: A) bewegen sich die

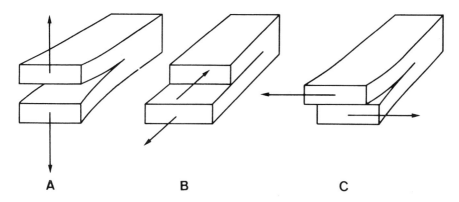

A   B   C

Abb. 55 Prinzipielle Arten der Rißöffnung
A: 'mode I' ('opening mode', Trennbruch), B: 'mode II' ('in-plane shear', Scherbruch), C: 'mode III' ('anti-plane shear', Scherbruch) (aus ATKINSON 1987: Fig 1.1).

durch den Bruch getrennten Blöcke auseinander (senkrecht zur Bruchebene), die Bruchform wird in diesem Fall als **Trennbruch** (Spaltbruch) bezeichnet. Bei den Bildungsarten II und III (Abb. 55: B, C) erfolgt jeweils eine Gleitung parallel zur Bruchebene, in beiden Fällen entsteht ein **Scherbruch.**
Die Bildung der verschiedenen Bruchformen wird mit unterschiedlichen Spannungszuständen bzw. Belastungsarten im Moment der Bruchbildung in Verbindung gebracht. Demnach entstehen Trennbrüche als Folge von **Normalspannungen**, Scherbrüche als Folge von **Scherspannungen** (Abb. 56). Das Material zerbricht, wenn seine **Zugfestigkeit** (im ersten Fall) bzw. seine **Scherfestigkeit** (im zweiten Fall) überschritten wird. Bezogen auf die Orientierung der Hauptspannungsachsen nehmen die verschiedenen Bruchformen unterschiedliche Orientierungen ein. Trennbrüche verlaufen parallel zur größten und senkrecht zur kleinsten, Scherbrüche in symmetrischer Anordnung diagonal zur größten bzw. kleinsten Hauptspannung (Abb. 56c).

Die Spannungsbedingungen im **Makrobereich**, die zur Bildung von **Trennbrüchen** im Gestein führen, können nach den vorliegenden Kenntnissen unterschiedlicher Art sein. Im einfachsten Fall entwickeln sich Trennbrüche als Folge direkter Zugbeanspruchung ('regional' wirkende **Zugspannungen**). Die Bruchflächen werden in diesem Fall senkrecht zur größten negativen Hauptspannung angelegt (im geologischen Sprachgebrauch gilt meist die Vorzeichenkonvention Druckspannung positiv, Zugspannung negativ). Die Beträge dieser Spannungen können dabei durchaus sehr gering sein, da Gesteine erfahrungsgemäß schon bei vergleichsweise geringer Zugbeanspruchung bruchhaft deformiert werden ('*rocks are notoriously weak in tension*' GRETENER 1983).
Daß Trennbrüche aber auch in allseitig kompressiven Spannungsfeldern bei niedrigen Seitendrücken, in diesem Fall senkrecht zur kleinsten **Druckspannung**, auftreten können, wurde in experimentellen Untersuchungen an Festgesteinen im Labor vielfach nachgewiesen (u. a. GRIGGS & HANDIN 1960, GRAMBERG 1966). Als Ursache dieses Phänomens wird, Überlegungen von GRIFFITH

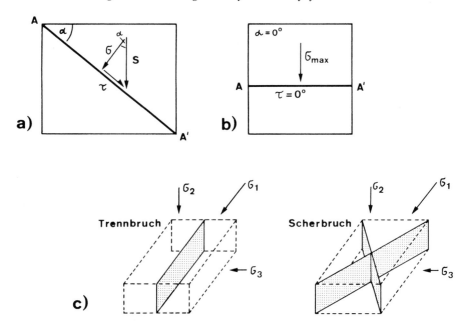

Abb. 56 a) Graphische Zerlegung eines Spannungsvektors (S) in Komponenten senkrecht (Normalspannung σ) und parallel (Scherspannung τ) zu einer Ebene A-A'. Die Beträge der einzelnen Komponenten hängen von der Größe des Winkels ab. Die Scherspannung ist maximal bei $\alpha = 45°$. Die Normalspannung ist maximal bei $\alpha = 0°$ (b), Scherspannungen treten in diesem Fall nicht auf. Für jeden dreidimensionalen Spannungszustand existieren, analog zu dem in (b) skizzierten einachsigen Fall, 3 orthogonale Ebenen, in denen die Normalspannungen Extremwerte annehmen. Die Normalspannungen werden in diesem Fall als Hauptspannungen σ_1, σ_2 und σ_3 ('principal stresses') bezeichnet. Graphisch dargestellt werden sie i. a. durch Pfeilsymbole, deren Länge proportional zum Betrag der einzelnen Spannungskomponenten ist. Vereinbarungsgemäß gilt hierbei $\sigma_1 > \sigma_2 > \sigma_3$. In Bezug auf die Orientierung der Hauptspannungsachsen nehmen Trennbrüche und Scherbrüche unterschiedliche Positionen ein (c).

(1924) folgend, angenommen, daß mikroskopisch kleine Inhomogenitäten (primäre Hohlräume oder Mikrorisse) im Gestein als **lokale** (Zug-)Spannungskonzentratoren fungieren und den Bruchprozeß initiieren (vgl. PATERSON 1978: 18 ff.).

Entsprechend den verschiedenen Ausgangssituationen können auch die entstehenden Bruchformen begrifflich unterschieden werden. So werden die Trennflächen im ersten Fall als Zug- oder **Dehnungsbrüche**, im zweiten Fall als Ausdehnungs- oder **Extensionsbrüche** bezeichnet (im englischen Sprachgebrauch analog 'tension fracture' bzw. 'extension fracture'). In Fällen, in denen keine eindeutigen Indizien für die tatsächlichen Verhältnisse vorliegen (Druck- oder Zugspannungszustand), wird der Begriff Extensionsbruch meist verallgemeinernd verwendet.

Ein vorrangiges Ziel bruchmechanischer Forschung war und ist es, den Zusammenhang zwischen den Materialeigenschaften und den Spannungsverhältnissen zum Zeitpunkt der Entstehung eines Bruches durch **Bruchkriterien** mathematisch zu beschreiben, um so auch bei wechselnden Bedingungen Voraussagen über eventuelle Bruchbildungen zu ermöglichen. Zur Charakterisierung des Auftretens von **Scherbrüchen** unter kompressiven Bedingungen wird seit langem das COULOMB-MOHRsche Bruchkriterium (vgl. JAEGER & COOK 1976) mit gutem Erfolg angewendet. Nach dieser klassischen Theorie wird angenommen, daß für die Bruchentstehung der Differenzbetrag zwischen der größten und kleinsten Hauptspannung ('**differential stress**') maßgeblich ist und daß der Winkel, den die beiden Flächen eines Scherbruchpaares miteinander einschließen (**Scherflächenwinkel**), sowohl von den absoluten Spannungsbeträgen als auch von der 'innere **Reibung**', einer materialspezifischen Größe, abhängt (vgl. JAROSZEWSKI 1984: 102 ff., PATERSON 1978: 21 ff.). Nach der Theorie halbiert die σ_1-Achse stets den spitzen Winkel zwischen den konjugierten Flächen. Für den Winkelbetrag selbst wurden bei experimentellen Untersuchungen im Labor vielfach Werte um 60° beobachtet.

4.3 Die Entwicklung einer einzelnen Kluft

Voraussetzung für die Bildung von **Trennbrüchen**, bei Klüften nach gängiger Auffassung die weitaus überwiegende Bruchform, ist die Existenz von Zugspannungen oder zumindest niedrigen Druckspannungen innerhalb einer Schichtfolge. Fraglich waren lange Zeit die Mechanismen, die die Entwicklung solcher Spannungsverhältnisse auch in Schichten unter beträchtlicher Sedimentbedeckung ermöglichen könnten. Daß in diesem Zusammenhang der Druck von Porenflüssigkeiten innerhalb des Gesteins eine entscheidende Rolle spielen kann, wurde, obwohl von TERZAGHI bereits 1923 formuliert, erst nach der klassischen Arbeit von HUBBERT & RUBEY (1959) allgemein bekannt und akzeptiert. Mit der Bedeutung des Porenflüssigkeitsdruckes für die Kluftentstehung befaßte sich ausführlich zuerst SECOR (1965), der dabei rechnerisch nachweisen konnte, daß Klüfte unter bestimmten Bedingungen durchaus auch in Tiefen von einigen 1000 m gebildet werden können.

Praktisch alle Sedimentgesteine weisen einen Porenraum auf, der mit wäßrigen Lösungen oder auch anderen Fluiden (Erdölbestandteile, Gase) gefüllt sein kann. Solche Porenflüssigkeiten tragen einen Teil der auf einen Gesteinskörper wirkenden Belastung. Dadurch vermindert sich der vom Korngerüst übertragene Anteil (die '**Effektivspannung**'), der nach den Überlegungen TERZAGHIs allein für das mechanische Verhalten bzw. die Bruchfestigkeit des Gesteinskörpers maßgeblich ist. Formelmäßig kann dieser Zusammenhang folgendermaßen beschrieben werden:

$$\sigma_{Eff} = S - p_p \qquad (2)$$

(σ_{Eff} = Effektivspannung, S = Totalspannung, p_p = Porenflüssigkeitsdruck).

Nimmt der Porenflüssigkeitsdruck zu, verringern sich folglich die effektiv wirksamen Druckspannungen, unter Umständen um solche Beträge, daß bei den gegebenen äußeren Totalspannungen die Grenze der Gesteinsfestigkeit erreicht wird (zur generellen Bedeutung des Porenflüssigkeitsdruckes unter strukturgeologi-

Trennbruch

«internal extension fracture»

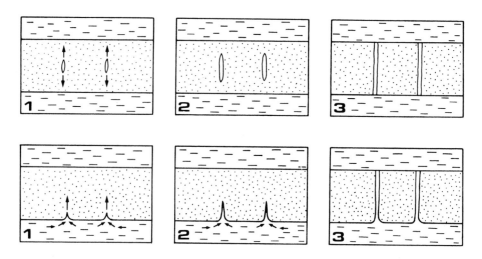

«intrusion fracture»

Scherbruch

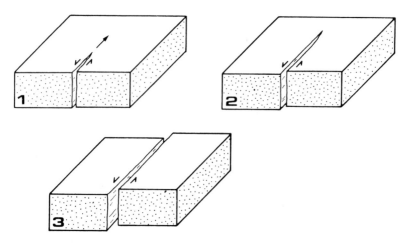

Abb. 57 Entwicklungsstadien bankrechter Klüfte. Dargestellt sind jeweils 3 Stadien für die verschiedenen Bruchformen bzw. -mechanismen, die bei der Bildung bankrechter Klüfte in Betracht gezogen werden (1 = Bruchbeginn, 3 = Bruchtermination).

schen Aspekten vgl. GRETENER 1977). In der englischsprachigen Literatur werden Trennbrüche, die entstehen, wenn die kleinste Hauptspannung in einer Schicht unter Beteiligung von Porenflüssigkeiten auf Werte nahe Null reduziert wird oder sogar negative Werte erreicht, als 'matrix-stress fractures' (GRETE-NER 1983) oder 'internal extension fractures' (BRACE 1964, MANDL & HARKNESS 1987) bezeichnet (Abb. 57).

Die räumliche Ausbreitung eines 'internen' Trennbruches ist schematisiert in Abb. 58 in Aufsicht auf die Bruchebene skizziert. Von einem punktförmigen Initialfeld (den 'Griffith-cracks') innerhalb einer Schicht wandert die **Rißfront**, an der die Kohäsion aufgehoben und neue Oberflächen gebildet werden, wellenartig durch das Gestein (**Bruchausbreitung**). Die für den Bruchvorgang notwendige Deformationsenergie wird dabei größtenteils in Oberflächenenergie der neu entstandenen Bruchflächen umgewandelt und in Form von elastischen Schwingungen abgebaut (BANKWITZ 1978).

Die Bruchflächen zeigen zunächst einen kreisförmigen bis elliptischen Umriß, solange sich der Bruch unbehindert ausbreiten kann (Abb. 58: 2). Das Verhalten des Bruches beim Erreichen von Schichtgrenzen - **Rißtermination** oder weitere Rißfortpflanzung auch in die auf- oder unterlagernde Schicht (Abb. 58: 3a/b) - hängt von den Festigkeitseigenschaften der angrenzenden Schichten bzw. von den hier herrschenden Spannungsverhältnissen ab (Abschn. 4.4). Die Richtung, in die sich ein Trennbruch lateral (schichtparallel) ausbreitet, wird von der jeweiligen lokalen Orientierung der kleinsten Hauptspannung σ_3 bestimmt. Ändert sich deren Orientierung im Raum, ändert sich folglich auch der Rißverlauf (Abb. 59), und zwar in der Weise, daß die senkrechte Stellung des Bruches zu σ_3 erhalten bleibt. Werden die zur weiteren Rißfortpflanzung notwendigen Spannungsbedingungen nicht mehr erfüllt, terminiert der Bruch. Stellen sich die erforderlichen Verhältnisse nach einer gewissen Zeit erneut ein, kann sich der Bruch weiter ausbreiten. Die vollständige Entwicklung eines Bruches kann folglich entweder kontinuierlich, in einem einzelnen Vorgang oder auch mehrphasig erfolgen. Im letzten Fall setzt sich die vollständige Bruchfläche aus Teilstücken zusammen, die nacheinander, in zeitlich getrennten Abschnitten (mit wiederholter Bruchausbreitung und -termination) gebildet wurden (Abb. 7c).

Neben der beschriebenen indirekten Wirkungsweise von Porenflüssigkeiten, die auf einer Veränderung der Spannungssituation innerhalb einer Schicht beruht, können Porenlösungen auch direkt Trennbrüche hervorrufen, wenn eine gespannte Flüssigkeit aus einer Schicht unvermittelt in eine auflagernde Schicht eindringt. Grenzbedingung für die Entstehung solcher natürlicher **hydraulischer** Rißbildungen ('intrusion fractures': BRACE 1964, MANDL & HARKNESS 1987, Abb. 57) ist, daß der Porenflüssigkeitsdruck (p_p) in einer Gesteinsschicht die kleinste Horizontalspannung (σ_{3h}) in der auflagernden Schicht um mindestens den Betrag der Zugfestigkeit dieser Schicht (T_h) überschreitet:

$$p_p > \sigma_{3h} + T_h \qquad (3)$$

Im Unterschied zu den 'internen' Trennbrüchen können hydraulische Risse bei entsprechendem Porenflüssigkeitsdruck auch in Schichten gebildet werden, die unter merklicher Kompression stehen (auf die Bruchflächen wirken in diesem Fall Normalspannungen).

Kontrolliert wird die Geometrie hydraulischer Trennflächen von der Permeabili-

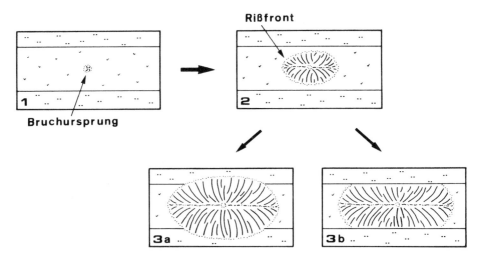

Abb. 58 Die Ausbreitung eines Trennbruches in Aufsicht auf die Bruchebene (1 = Bruch-beginn, 3a = unbehinderte Rißausbreitung auch über die Schichtgrenzen, 3b = 'vertikale' Rißtermination an den Schichtgrenzen, weitere Rißausbreitung nur schichtparallel).

Abb. 59 Teilansicht einer freiliegenden Schichtfläche. Auf kurze Distanz ändern (bankrech-te) Klüfte einer bestimmten Schar (Pfeilmarkierungen) kontinuierlich ihre Ausrichtung. Oberkarbonische Grauwacke, Lerbach/Oberharz.

tät der unterlagernden Schicht. Mit dem Eindringen der Intrusionsflüssigkeit pflanzt sich der entstehende Riß, ausgehend von der Unterkante einer Schicht, schichtnormal fort (Abb. 57). Da der Flüssigkeitsdruck innerhalb des Risses mit zunehmender Rißausdehnung (damit zunehmendem Rißvolumen) jedoch stetig sinkt, kommt die Rißausbreitung bei einem kritischen Wert schließlich zum Stillstand. Je nach Mächtigkeit kann die jeweilige Schicht dabei vollständig durchtrennt werden (Abb. 57) oder die Termination kann bereits innerhalb dieser Schicht erfolgen (Abb. 60). Ob sich ein hydraulischer Riß auch in die hangende Schicht fortpflanzt, richtet sich danach, ob hier ebenfalls die angeführte Grenzbedingung (Gl. 3) erfüllt ist, und hängt damit wesentlich vom Materialverhalten dieser Schicht ab (Einzelheiten der Mechanik natürlicher hydraulischer Trennflächen werden in Publikationen von SECOR 1965, PHILLIPS 1972, FYFE et al. 1978, BEACH 1980, DU ROCHET 1981 und MANDL & HARKNESS 1987 diskutiert).

Klüfte, die offensichtlich als hydraulische Rißbildungen entstanden sind, zeigt ein Handstück aus dem Oberen Muschelkalk (Abb. 60). Die einzelnen Klüfte sind hier von einer tonigen Substanz gefüllt, die offenbar während des Bruchvorganges zusammen mit dem Porenwasser aus einer unterlagernden Schicht in die Klufthohlräume eingepreßt wurde.

Die Identifizierung von **Scherklüften** bereitet bei Kluftnetzuntersuchungen regelmäßig besondere Probleme. So sind makroskopisch erkennbare morphologische Kennzeichen, die für Scherklüfte spezifisch wären, bislang nicht bekannt. In vielen Publikationen über regionale Kluftnetze dient als Kriterium für die Unterscheidung von Trenn- und Scherklüften allein die jeweilige **Raumlagebeziehung** der auftretenden Bruchflächen zu **anderen** Strukturelementen (in der Regel zu einer Faltenachse, Abb. 42), also ein indirektes, **geometrisches** Kriterium. Klüfte werden in solchen Fällen als Scherklüfte interpretiert, in denen ihre räumliche Orientierung mit derjenigen Raumlage übereinstimmt, in der nach der COULOMB-MOHRschen Theorie bei einer bestimmten Spannungssituation Störungen zu erwarten wären. Scherklüfte werden demzufolge zumeist als eine frühe Entwicklungsform von Störungen ('Störungen im Initialstadium') angesehen.

Erst in den letzten Jahren haben sich Autoren intensiver mit der geometrischen Entwicklung von Störungen befaßt (u. a. WILLIAMS & CHAPMAN 1983). Dabei wurde deutlich, daß zusammen mit der räumlichen Ausbreitung der Störungsflächen **gleichzeitig** auch eine Versetzung der bereits getrennten Gesteinsabschnitte erfolgt (Abb. 57). Der maximale Versatzbetrag liegt dabei jeweils im Bereich des Initialfeldes und nimmt bis zur Rißfront ('tip line') stetig bis auf den Wert 0 ab. Der Rißvorgang wird begleitet durch elastische und plastische Deformationen, durch die die auftretende Gesteinsverkürzung im kompressiven Sektor (bzw. die Längung im distensiven Sektor) der Rißfront ausgeglichen wird, bis zu dem Zeitpunkt, an dem die Rißfront eine freie Oberfläche erreicht.

Von Interesse ist hier insbesondere die nachgewiesene **Beziehung** zwischen der **räumlichen Erstreckung** einer Störung und deren **Versetzungsweite**, die mit zunehmender Störungsdimension ebenfalls stetig zunimmt. **Scherklüfte** können, sofern sie im bruchmechanischen Sinn als Scherbrüche verstanden und damit in gleicher Weise wie Störungen interpretiert werden, folglich nur eine bestimmte obere Größengrenze erreichen, bis zu der die maximale bruchparallele Verset-

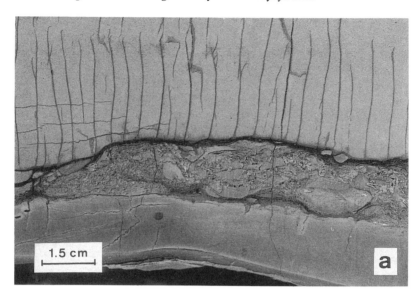

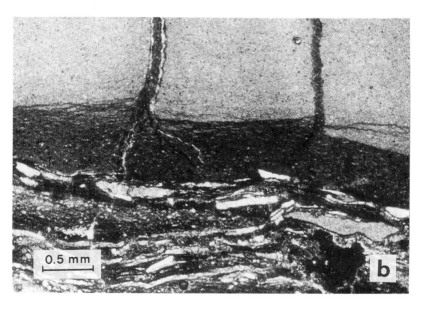

Abb. 60 a) hydraulische Kluftbildungen ('intrusion fractures') in einem Handstück. Eng-ständig angeordnete Trennflächen treten nur in der oberen mikritischen Lage auf, während die darunter folgende Schill- und die untere Mikrit-Lage eine entsprechende Klüftung nicht zeigen. Nur ein Teil der Bruchflächen durchtrennt die obere Schicht vollständig, ein anderer Teil terminiert bereits innerhalb dieser Schicht. Als Folge der Einpressung toniger Substanz aus einer gering-mächtigen Tonlage in die Klufthohlräume ergaben sich, wie eine mikroskopische Detailaufnahme aus dem Basisbereich der engständig geklüfteten Schicht (b) verdeutlicht, unterschiedliche Kompaktionsbeträge auf den verschiedenen Seiten der vorhandenen Trennflächen. Oberer Muschelkalk, Vahlbruch/Weserbergland.

ren **ohne** makroskopisch erkennbaren Versatz dar). Diese Maximalgröße hängt allerdings von der Materialbeschaffenheit, speziell der plastischen Verformbarkeit einer Sedimentschicht ab. Sie ist folglich in **kompetenten** Gesteinen (Sandsteine, Kalke) größer als in **inkompetenten** (Tone, Mergel) und liegt nach eigenen Beobachtungen größenordnungsmäßig im m-Bereich (vgl. Abb. 52).

4.4 Der Einfluß des Materialverhaltens auf die Kluftbildung

Bei der Untersuchung von Kluftnetzen lassen sich regelmäßig Phänomene beobachteten, die belegen, daß die Entwicklung von Klüften, ihre Ausbildung und ihr räumliches Auftreten entscheidend vom Materialverhalten einer Sedimentfolge abhängen. Beispielsweise zeigen die Abb. 2 und 61 Teile einer Schichtfolge, in denen manche Horizonte eine geregelte Klüftung aufweisen, während in den zwischenlagernden Schichten ein ähnlich markantes Bruchmuster nicht existiert. Die Ursache solcher wechselnden Klüftungsverhältnisse sind Unterschiede in den **elastischen Eigenschaften** bzw. im **Festigkeitsverhalten** der einzelnen Schichten einer Sedimentfolge zum Zeitpunkt der Kluftentstehung.

Abb. 61 Teilansicht einer Aufschlußwand in flachlagernden Oberkreidekalken. Deutlich sind drei auffällig orthogonal geklüftete Horizonte zu erkennen. Die jeweiligen Zwischenlagen, die im Aufschluß hinsichtlich ihrer lithologischen Merkmale makroskopisch kaum von den geklüfteten Schichten zu unterscheiden waren, lassen ein ähnlich markantes Bruchmuster nicht erkennen. Steinbruch bei Geseke/Münstersches Kreidebecken.

Die **Gesteinsfestigkeit** einer Sedimentschicht (der Spannungsbetrag, bei dem das Material bei einer Belastung bruchhaft verformt wird) wird von vielen Faktoren bestimmt. Neben der Zusammensetzung, Größe und Form der vorhandenen Mineralkomponenten gehören hierzu auch die Art ihrer Anordnung und Verteilung, die Art des Zementes, die Porosität u.v.a. Folglich weisen nicht nur unterschiedliche Gesteinstypen durchweg unterschiedliche Festigkeiten auf. Selbst bei gleichen Gesteinsarten, die sich aber in ihrem mikrostrukturellen Aufbau unterscheiden, können die Festigkeitswerte nach Ergebnissen von Laborexperimenten um beträchtliche Beträge schwanken. So kann beispielsweise der Tonanteil in einer Kalksteinschicht bei sehr gleichmäßiger Verteilung der einzelnen Partikel die Duktilität und damit die Bruchfestigkeit erhöhen. Konzentriert sich hingegen der gleiche Tongehalt auf größere Aggregate, können diese bei Belastung lokale plastische Reaktionen, damit Spannungskonzentrationen hervorrufen, die dann niedrigere Festigkeitswerte des Gesteins zur Folge haben. Wird nun eine Gesteinsfolge zunehmend belastet, kann bei einem bestimmten Spannungsbetrag die Grenze der Gesteinsfestigkeit einer Schicht bereits überschritten sein (in dieser also bereits ein Kluftnetz angelegt werden), während dieselbe Belastung in einer anderen Schicht nur elastische und plastische Deformationen hervorruft.

Versuche, die wechselnde **Klufthäufigkeit** innerhalb einer Sedimentfolge quantitativ mit speziellen lithologischen Merkmalen der einzelnen Schichten zu korrelieren, wurden bisher erst in geringem Umfang publiziert. So konnten CORBETT et al. (1987) in einer neueren Studie aus dem Südosten der USA einen engen Zusammenhang zwischen der Intensität der Klüftung und der Porosität sowie dem Tongehalt von Kreideablagerungen dokumentieren. Beziehungen zwischen dem Festigkeitsverhalten und der Porosität sowie der Korngröße von Gesteinen wurden auch von DUNN et al. (1973) und HUGMAN & FRIEDMAN (1979) festgestellt.

Sedimentäre Merkmale, die **Festigkeitsanisotropien** innerhalb einer Schicht bewirken, können sich nach Ansicht einiger Autoren unmittelbar auf die **Orientierung** von Klüften auswirken. Mit zunehmendem Grad einer Anisotropie richten sich Bruchflächen, wie in Laborversuchen nachgewiesen werden kann (NELSON & STEARNS 1977), vorzugsweise nach der Richtung der geringsten Gesteinsfestigkeit aus. In Sedimentgesteinen ist in diesem Zusammenhang besonders die Art der Kornorientierung von Bedeutung. Zeigen die Kornlängsachsen eine deutlich bevorzugte (parallele) Ausrichtung, können Klüfte unter Umständen merklich von der Ausrichtung abweichen, die bei gleicher Beanspruchung in einer Schicht mit statistisch orientierten Kornlängsachsen zu erwarten wäre. Über entsprechende Fälle, in denen regional offenbar Zusammenhänge zwischen der Kluftausrichtung und solchen sedimentär bedingten Anisotropien der Gesteinsfestigkeit bestehen, berichten NELSON & STEARNS (1977), MOELLE (1977) und WINSOR (1979).

Welcher Spannungszustand sich in einem Material bei einer Belastung einstellt, hängt von seinen jeweiligen **elastischen Eigenschaften** ab. In einer Schichtfolge mit unterschiedlichen elastischen Eigenschaften der einzelnen Schichten bestehen daher hinsichtlich der Intensität der auftretenden Spannungen auch bei gleicher 'äußerer' Belastung mehr oder weniger große Unterschiede. Solche Spannungsunterschiede sind sowohl für die Bruchentstehung (Lage des Bruchursprungs) als auch für die Bruchausbreitung und -termination von Bedeutung. So kann in der einen Schicht bei einer bestimmten Belastung aufgrund des höheren Spannungsniveaus bereits ein Bruchvorgang einsetzen, während die gleiche Belastung in einer anderen Schicht nur elastische/plastische Deformationen bewirkt (vorausgesetzt sind hierbei ähnliche Bruchfestigkeiten beider Schichten). Ob sich der Bruch dann auch über die Schichtgrenzen hinweg ausbreitet, hängt davon ab, ob die genauen Spannungsbeträge in der auf- bzw. unterlagernden Schicht für eine weitere Bruchfortpflanzung hinreichend sind. Bekannt ist, daß für die Ausbreitung eines Bruches ein geringerer Spannungsbetrag notwendig ist als für den Beginn des Bruches. Sind die 'Spannungskontraste' zwischen aufeinanderlagernden Schichten zu hoch, terminiert der Bruch. Die auf- bzw. unterlagernde Schicht hat in diesem Fall die Funktion einer 'Streßbarriere' (GRETENER 1983). Mathematisch beschrieben werden Zusammenhänge zwischen dem Materialverhalten und den Spannungsverhältnissen in einer Gesteinsfolge mit verschiedenen physikalischen Kenngrößen. Zu den wichtigsten zählen der **E-Modul**, der die Größe der Spannung bestimmt, die sich bei einer vorgegeben Dehnung in einem Material einstellt (HOOK'sches Gesetz), und die **Poisson-Zahl** (Querdehnungszahl), die das Verhältnis der Querdehnung zur Längsverkürzung eines belasteten Körpers charakterisiert (zur Bedeutung der einzelnen Kenngrößen vgl. JAROSZEWSKI 1984).

Daß in einer Schichtfolge wechselnder Beschaffenheit an den Schichtgrenzen unter Umständen auch sprunghafte Änderungen in der **Orientierung** der Hauptspannungen auftreten können (neben den schon erwähnten Unterschieden der Spannungsbeträge), ist noch wenig bekannt. Diskutiert wurde dieser Aspekt bislang erst in wenigen Arbeiten (u. a. MCGARR 1980, MANDL & CRANS 1981, POLLARD et al. 1982, MANDL 1987a). Wünschenswert wäre eine umfassende Klärung solcher Zusammenhänge besonders im Hinblick auf die Frage, inwieweit Materialeigenschaften für Unterschiede in der Geometrie der Klüftung aufeinanderlagernder Schichten verantwortlich sein können. Ein Phänomen, das bereits mit materialbedingten räumlichen Spannungsunterschieden in Verbindung gebracht wird, sind Randkluftzonen entlang von Schichtgrenzen (POLLARD et al. 1982, Abb. 9).

Neben den schon diskutierten Aspekten nimmt die Materialbeschaffenheit noch auf eine Reihe weiterer Klüftungsmerkmale Einfluß, so u. a. auf die Ausbildung bzw. Oberflächenstruktur der Kluftflächen (Abschn. 2.4), die Kluftabstände innerhalb einer Schar (Abschn. 4.5) oder auch den Scherflächenwinkel zwischen konjugierten Scherklüften.

Um die Entstehung des Kluftnetzes einer Region zu beschreiben, werden heute vermehrt auch Modellrechnungen durchgeführt. Das größte Problem besteht dann meist in der Abschätzung der Gesteinsparameter zum Zeitpunkt der Kluftbildung, da sich die Eigenschaften eines Gesteins im Verlauf seiner Entwicklung durch diagenetische Prozesse (Kompaktion, Zementation) stetig verändern. Zusätzlich zu berücksichtigen ist dann auch, daß durch Änderungen der Materialbeschaffenheit selbst, wie von LEDDRA et al. (1987) für die Dolomitisierung von Kalken diskutiert, unter Umständen Spannungen hervorgerufen werden, die zur bruchhaften Verformung von Sedimentschichten führen (vgl. Abb. 45).

4.5 Kluftscharen und Kluftsysteme

Klüfte einer bestimmten Orientierung treten in einem Gebiet in der Regel in Form von **Scharen** mit einer Vielzahl mehr oder weniger paralleler Trennflächen auf. Die möglichen Mechanismen, die die Geometrie von Kluftscharen, speziell die Abstandsverteilung der einzelnen Klüfte kontrollieren, wurden in der Literatur wiederholt diskutiert. Allgemein wird dabei von der Vorstellung ausgegangen, daß die Bildung einer Kluft zu einem Spannungsabfall in ihrer unmittelbaren Umgebung führt. Erst nach einem gewissen Abstand von dieser (ersten) Kluft wird die kritische 'regionale' Spannungssituation wiederum erreicht, die zur Entstehung einer weiteren Kluft führen kann. Die Größe dieses Mindestabstandes richtet sich u. a. nach den elastischen Eigenschaften der einzelnen Schichten einer Sedimentfolge, den Schichtmächtigkeiten, der Permeabilität (in Verbindung mit dem Porenflüssigkeitsdruck) und der Deformationsintensität. Versuche, diese und weitere Zusammenhänge in Teilen auch mathematisch zu formulieren, wurden von PRICE (1966), HOBBS (1967), SOWERS (1973), LADEIRA & PRICE (1981), SEGALL (1984) und SEGALL & POLLARD (1987) publiziert, über experimentelle Untersuchungen zum Thema berichtet BOCK (1972).

In Publikationen über regionale Kluftnetze wird der Begriff Schar häufig mit dem Richtungsbegriff verknüpft. Werden an **verschiedenen** Aufschlußpunkten Klüfte gleicher Orientierung beobachtet, so werden diese meist als einer bestimmten 'Schar' zugehörig betrachtet (z. B. die 'NW-Schar') und zeitlich und genetisch gleich interpretiert. Klüfte unterschiedlicher Orientierung werden dann umgekehrt verschiedenen 'Scharen' zugeordnet. Solche Korrelationen über nicht aufgeschlossene Zwischenbereiche hinweg sind jedoch meist problematisch, wie sich am Beispiel der Abb. 59 verdeutlichen läßt. Im gezeigten Aufschlußbereich ist eine kontinuierliche Richtungsänderung von Klüften **einer** Schar zu erkennen, ein Phänomen, das nach Beobachtungen der Verfasser auf Luftbildern aus dem mittleren Westen der USA auch in weitaus größerem Maßstab auftreten kann (über das gleiche Phänomen berichten ENGELDER & GEISER 1980 und GROUT & VERBEEK 1983). Wäre der Bereich der Richtungsänderung nicht direkt zugänglich und lägen Beobachtungen nur aus Teilbereichen vor, in denen die Klüfte jeweils richtungskonstant auftreten, könnten aus denselben Daten ganz unterschiedliche Schlußfolgerungen gezogen werden (vgl. Abb. 62). Aber auch bei übereinstimmender Ausrichtung von Klüften an zwei Meßpunkten bleibt die gemeinsame oder unterschiedliche Entstehungsursache zu prüfen.

Erfahrungsgemäß wird eine Schichtfolge nur in seltenen Fällen von einer einzelnen Kluftschar allein durchtrennt, in aller Regel setzt sich ein Kluftnetz aus mehreren, sich kreuzenden Scharen zusammen. Besonders Beobachtungen auf freiliegenden Schichtflächen verdeutlichen, daß sich Klüfte verschiedener Scharen in vielen Fällen, makroskopisch betrachtet, scheinbar ungestört kreuzen (Abb. 24, 27, 43). (Jüngere) Klüfte konnten sich in diesen Fällen offensichtlich über andere (ältere) Klüfte hinweg fortpflanzen. Bekanntlich jedoch wirken **offene** Trennflächen als Ausbreitungsstops bei der Entwicklung jüngerer Klüfte, da Zugspannungen an der Spitze eines sich ausbreitenden Risses nicht über entsprechende Hohlräume übertragen werden können (jüngere Klüfte terminieren in solchen Fällen an den bereits existierenden Bruchflächen, Abb. 5b). Werden

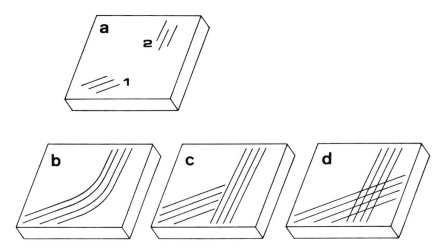

Abb. 62 Zur Interpretation von Geländebeobachtungen über unterschiedliche Kluftausrichtungen an räumlich getrennten Aufschlußpunkten (a: beobachtete Geländesituation, b - d: mögliche Ursachen dieser Situation).

Kreuzungen von Klüften beobachtet, ist folglich davon auszugehen, daß die Klüfte der älteren Generation entweder bereits zementiert oder die Klufthohlräume als Folge späterer Kompression wieder geschlossen waren. In der mikroskopischen Dimension kreuzen sich zwei Klüfte keineswegs so ungestört (Abb. 16). Mikroskopische Untersuchungen des Kreuzungspunktes eignen sich daher besonders, um Erkenntnisse über die Altersabfolge verschiedener Klüfte zu gewinnen.

Wird ein Kluftnetz aus mehreren Scharen gebildet, ist es Aufgabe des Interpreten zu unterscheiden, ob die auftretenden Kluftscharen bzw. ein Teil der Scharen zu einem **Kluftsystem** gehören (also auf eine gemeinsame Ursache zurückgehen), oder ob sie in getrennten zeitlichen Abschnitten, jeweils nach einer regionalen Umorientierung des Spannungsfeldes entstanden sind. Nicht selten bereitet diese Aufgabe schon bei der Existenz von nur zwei Scharen Schwierigkeiten, die bei einer größeren Anzahl von Scharen (Abb. 6b) noch zunehmen, da sich diese dann theoretisch zu unterschiedlichen Systemen kombinieren lassen.

Der Begriff Kluftsystem wurde ursprünglich vor allem dann verwendet, wenn zwei Scharen von Klüften vom Bearbeiter als 'konjugiertes' Scherkluftpaar interpretiert wurden (Scherbruchsystem) und damit für beide Scharen eine **gleichzeitige** Bildung angenommen wurde. Inzwischen wird dieser Begriff umfassender verwendet, wozu insbesondere die Diskussion über das schon mehrfach erwähnte 'Fundamentale Kluftsystem', ein von vielen Regionalbearbeitern beschriebenes annähernd orthogonales Kluftpaar, beigetragen hat.

Die aktuellen Vorstellungen bezüglich der mechanischen Interpretation dieses geometrischen Grundmusters faßte BOCK (1980) zusammen. In seiner Deutung folgt BOCK Überlegungen von PRICE (1959), nach denen sich das Orthogonalpaar in der Weise entwickelt, daß zunächst die 'Hauptkluftschar' senkrecht zur kleinsten Hauptspannung σ_3 angelegt wird. Dieser Prozeß kann unter Umständen die lokale Spannungssituation so verändern, daß anschließend der Wert der Spannung, die in der ursprünglichen σ_3-Richtung wirkt, örtlich über dem Wert der anfangs in σ_2-Richtung wirkenden Spannung liegt (σ_2 und σ_3 also lokal ihre Orientierungen vertauschen). Werden bei diesen veränderten Verhältnissen erneut Trennbrüche senkrecht zur kleinsten Hauptspannung gebildet, ordnen sich diese 'Nebenklüfte' folglich senkrecht zu den 'Hauptklüften' an. Voraussetzung ist allerdings, daß sich die beiden Hauptspannungen σ_2 und σ_3 primär nur um einen geringen Betrag unterscheiden. Weiterer Diskussion bedarf noch die Beobachtung, daß das 'Fundamentale Kluftsystem' manchmal selbst in dicht benachbarten Bereichen unterschiedliche Erscheinungsformen zeigt (Abb. 63). In seiner 'Idealform' weisen beide Scharen unterschiedliche morphologische Eigenschaften auf (Abb. 63a, 6a). Ähnlich häufig sind erfahrungsgemäß aber auch Fälle mit gleichartiger Ausbildung beider Scharen, wobei ihr Winkelabstand 90° betragen (Abb. 63b, 27), davon aber durchaus auch abweichen kann (Abb. 63c, SUPPE 1985: Fig. 6-2).

Bei der beschriebenen Interpretation des Orthogonalpaares wird der Begriff Kluftsystem für Scharen von Klüften verwendet, die **nacheinander**, wenn auch nur mit geringem zeitlichem Abstand, gebildet wurden. Verantwortlich für die unterschiedliche Orientierung der beiden Scharen werden in diesem Fall **zeitliche** Spannungsänderungen im Verlauf **einer** Deformation gemacht. Zu berücksichtigen sind daneben aber auch **räumliche** Variationen eines Spannungsfeldes während eines einzelnen, zeitlich begrenzten Deformationsprozesses, da die Ausrichtung von Klüften in benachbarten Bereichen trotz **gemeinsamer zeitgleicher Entstehungsursache** infolge unterschiedlichen Materialverhaltens oder unterschiedlicher lokaler Rahmenbedingungen (Abschn. 4.4, 4.6) durchaus schwanken kann.

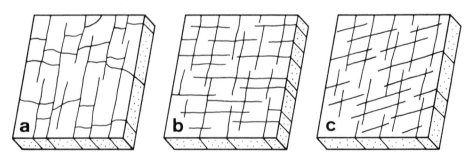

Abb. 63 Unterschiedliche Erscheinungsformen des 'Fundamentalen Kluftsystems' (schematisiert nach Geländebeobachtungen)
a) unterschiedliche Ausbildung beider Kluftscharen
b) gleichartige Ausbildung beider Scharen, Winkelabstand 90°
c) gleichartige Ausbildung beider Scharen, Winkelabstand 75° - 80°.

4.6 Ursachen, Prozesse und Rahmenbedingungen der Kluftentstehung

Spannungssituationen, die regional zur Entstehung von Kluftnetzen führen, können zweifellos durch ganz unterschiedliche geologische Vorgänge oder eine Kombination verschiedener Prozesse erzeugt werden. Als Ursache wurden traditionell vor allem tektonische Vorgänge angesehen, die sich in einer Region etwa in Form eines großräumigen Faltenbaus oder eines mehr oder weniger dichten Störungsnetzes dokumentieren. Beobachtungen über die Existenz einer ausgeprägten Klüftung auch in Sedimentfolgen flachlagernder Deckgebirgstafeln, in denen andere Deformationsstrukturen (und damit Bezugselemente) weitgehend fehlen, waren daher schwer verständlich und wurden bei der Interpretation von Kluftnetzen lange Zeit kaum berücksichtigt. Doch hat sich inzwischen die Auffassung durchgesetzt, daß gerade die Klärung dieses Phänomens wesentlich zum Verständnis regionaler Kluftnetze beitragen dürfte.

Überlegungen bezüglich der geologischen **Ursachen** der Kluftenstehung in ruhig gelagerten Sedimentfolgen gehen im allgemeinen von der Vorstellung aus, daß in dieser Situation die maximale Hauptspannung σ_1 senkrecht zur Schichtung gerichtet ist und eine Reduzierung der in Schichtrichtung wirkenden Hauptspannungen σ_2 und σ_3 die zur Kluftbildung erforderlichen Bedingungen schafft. Klüfte können unter diesen Umständen je nach den exakten Spannungsverhältnissen (dem Betrag von σ_3 und dem Betrag der Differenz σ_1-σ_3 in Relation zur Zugfestigkeit einer Schicht) entweder in Form von Trennbrüchen senkrecht zur kleinsten Hauptspannung σ_3 (bankrechte Klüfte) oder in Form von Scherbrüchen gebildet werden, die beginnende Abschiebungen repräsentieren (bankschräge Klüfte). Als Mechanismen, die eine entsprechende Spannungsverminderung ermöglichen, werden in vielen Publikationen derzeit **überhöhte Porenwasserdrücke** in Kombination mit **großräumigen Krustenbewegungen** genannt.
Porenwasserdrücke mit Beträgen erheblich über normalen Werten sind nach Beobachtungen in Tiefbohrungen ein weit verbreitetes Phänomen (GRETENER 1977). Zurückgehen können sie theoretisch auf eine Reihe verschiedener geologischer Prozesse (Übersichten in GRETENER 1977, WEBER 1980). In sedimentären Abfolgen zählen hierzu insbesondere Kompaktionsungleichgewichte, die entstehen, wenn die Entwässerung einer Schicht, bedingt durch eine hohe Sedimentationsrate, nicht mehr mit der zunehmenden Sedimentauflast Schritt halten kann. Diskutiert werden daneben auch thermische Effekte (die Auswirkungen einer Temperaturerhöhung mit zunehmender Versenkungstiefe; BARKER 1972, MAGARA 1981) und neuerdings auch die Gasproduktion durch die bakterielle Zersetzung organischer Substanz (NELSON & LINDSLEY-GRIFFIN 1987).
Auch wenn der Porenwasserdruck einen wesentlichen Beitrag zur Reduzierung der schichtparallelen Hauptspannungen liefern und **lokal** auch unmittelbar Bruchprozesse verursachen kann ('hydraulic fractures', Abb. 60), so geben nach allgemeiner Auffassung letztlich erst lokale bis regionale Extensionsvorgänge, Verbiegungen der Erdkruste, die sich nicht selten in Fazieswechseln innerhalb eines Sedimentationsbereiches dokumentieren, den Ausschlag für die Entstehung **regionaler Kluftnetze**. Absenkungsprozesse regionalen Ausmaßes, differentielle Vertikalbewegungen von Teilschollen entlang von Störungen,

Schichtverbiegungen im Zusammenhang mit Salzbewegungen und Hebungen von Krustenteilen gehören zu den meist genannten Prozessen im Hinblick auf die Entwicklung der notwendigen Extensionsbeträge und damit der Spannungsbedingungen, die schließlich zur Bildung von Kluftnetzen führen. Versucht wird zunehmend, die Bedeutung solcher Vorgänge durch Modellrechnungen mit möglichst realistischen Eingabedaten auch quantitativ abzuschätzen (u. a. FYFE et al. 1978: 275 ff., NARR & CURRIE 1982, WATTS 1982).

Mit den Auswirkungen einer **Krustenhebung** auf die Spannungssituation innerhalb der beteiligten Gesteinsfolgen hat sich insbesondere PRICE (1966, 1974) befaßt. Zu berücksichtigen sind dabei im wesentlichen drei Faktoren: die Ausdehnung eines Gesteinskörpers als Folge des vergrößerten Abstandes vom Erdmittelpunkt, die Verminderung der auflastinduzierten Horizontalspannungen durch die Erosion von Deckschichten und thermisch bedingte Spannungsänderungen, hervorgerufen durch die zunehmende Abkühlung der Sedimente (HAXBY & TURCOTTE 1976).

Restspannungen (Spannungen, die in einem Gesteinskörper auftreten, ohne daß auf diesen von außen Kräfte einwirken, 'residual stresses') sind ein weiterer Faktor, dem eine Reihe von Autoren (u. a. PRICE 1966, FRIEDMAN 1972, EISBACHER 1973, REIK & CURRIE 1974, LAJTAI 1977, ENGELDER 1985) ebenfalls Bedeutung für die Kluftentwicklung beimessen. Hervorgerufen werden können solche Restspannungen in Sedimentgesteinen insbesondere durch die Zementation eines unter Belastung stehenden Korngerüstes. Spannungen (bedingt durch den Druck auflagernder Sedimente oder auch durch tektonische Kompressionsvorgänge) werden in unverfestigten Sedimenten von Korn zu Korn übertragen, wobei die einzelnen Körner in geringem Maße elastisch verformt (zusammengedrückt) werden. Durch eine anschließende Kristallisation von Zementen im Porenraum kann diese elastische Deformation gewissermaßen 'gespeichert' werden. Verringert sich die Intensität der auf dem Korngerüst lastenden Spannungen (etwa infolge der Erosion auflagernder Schichten), haben die einzelnen Körner das Bestreben, sich wieder stärker auszudehnen, was Spannungen in den ursprünglich unbelasteten Zementen hervorruft. An den Korngrenzen können dabei lokal (Zug-)Spannungskonzentrationen auftreten, die unter Umständen bereits Rißbildungen verursachen, wenn diese von der 'regionalen' Spannungssituation her noch nicht zu erwarten wären. Modellexperimente, in denen die Bedeutung solcher Zusammenhänge für Fragen der Kluftentstehung näher untersucht wurde, führten REIK & VARDAR (1974) und DAS GUPTA & CURRIE (1982) durch.

Die Rolle, die eine **Volumenverminderung** innerhalb einer Gesteinsfolge für die Entstehung von Zugspannungen und damit von Klüften spielen kann, ist im Zusammenhang mit der Abkühlung magmatischer Gesteine unbestritten. Im Bereich der Sedimentgesteine wird besonders der beträchtlichen Volumenreduzierung, die während des **Inkohlungsprozesses** auftritt, Bedeutung für die Klüftung in Kohleflözen beigemessen und zumindest für die außerordentliche Engständigkeit der Klüftung innerhalb der Kohle mitverantwortlich gemacht (vor allem von Bearbeitern aus dem Ruhrkarbon, u. a. GANGEL & MURAWSKI 1977, MURAWSKI 1979).

Zu den Aspekten, die in der Diskussion über die Klüftung flachlagernder Sedimentfolgen weiterhin von Bedeutung sind, zählt die Frage nach dem möglichen **Zeitpunkt der Kluftbildung** relativ zur Entwicklung eines Sedimentationsraumes bzw. zu den Prozessen, die die Sedimente nach ihrer Ablagerung betroffen haben (Versenkung, Diagenese, Hebung und erosive Entlastung). Wichtig ist dieser Gesichtspunkt auch zur Beurteilung des Materialverhaltens einer Schichtfolge, da sich die Materialeigenschaften (elastische Eigenschaften, Bruchfestigkeiten) einer Schicht als Folge diagenetischer Prozesse (Kompaktion, Zementation) mit zunehmender Versenkung und Überdeckung durch jüngere Sedimente stetig verändern. Von der Auflast und den Gesteinseigenschaften wiederum hängt die Art des Spannungszustandes ab, der zur Bildung eines Kluftnetzes erforderlich ist. Über den wahrscheinlichen Zeitraum der Kluftentwicklung in Deckgebirgssedimenten besteht in der Literatur keine einheitliche Meinung. So nehmen manche Autoren ein spätes Stadium der Beckenentwicklung an, nachdem die Sedimente ihre maximale Versenkungstiefe bereits annähernd erreicht oder schon überschritten haben. Bezug genommen wird dabei häufig auf ein auf PRICE (1966, 1974) zurückgehendes Modell, das die Kluftentstehung in Zusammenhang mit der epirogenetischen Hebung einer Region bringt. Im Gegensatz dazu gehen andere Autoren davon aus, daß Klüfte schon bald nach der Ablagerung, noch in einem frühen Stadium der Diagenese des Sedimentes, gebildet werden. Auf entsprechende Beobachtungen und Daten wurde in Abschn. 3.1 hingewiesen. Damit stellt sich auch die **Frage nach der Erhaltung** solcher frühangelegten Klüfte, während die geklüfteten Schichten in zunehmendem Maße versenkt, durch jüngere Ablagerungen überdeckt und diagenetisch verfestigt werden. Wie Abb. 64 dokumentiert, ist die Möglichkeit der Erhaltung dann gegeben, wenn die betreffenden Klüfte bereits zementiert waren, bevor die jeweilige Schicht weiter kompaktiert wurde. Zu einem weitaus späteren Zeitpunkt können dann allein Veränderungen der Kluftzemente (Abb. 13) schon zu einer erneuten Öffnung der betreffenden Klüfte führen.

Gerade im Zusammenhang mit der möglichen frühzeitigen Anlage von Klüften wird als Bildungsmechanismus häufig der Begriff 'Durchpausung' genannt. Im engeren Sinne wird darunter verstanden, daß durch minimale Bewegungen an schon vorhandenen Klüften (etwa als Folge der rhythmischen Gezeitenbewegung der Erdkruste) diese kontinuierlich in die Hangendschichten 'fortgebaut' werden (KENDALL & BRIGGS 1933). Beobachtungen über wechselnde Klüftungsverhältnisse in aufeinanderlagernden Schichten, wie die in Abb. 61 gezeigte Situation, sind auf diese Weise allerdings nicht erklärbar.

Um Informationen über den möglichen Einfluß von Strukturen des Untergrundes auf die Klüftung im Auflager zu gewinnen, bietet sich insbesondere eine Untersuchung der Klüftung im Grenzbereich zweier unterschiedlich deformierter Stockwerke an. Entsprechende Gegebenheiten liegen beispielsweise am Südrand des Münsterschen Kreidebeckens vor, wo gefaltete paläozoische Schichtfolgen diskordant von flachlagernden kretazischen Abfolgen überdeckt werden. Bei Untersuchungen, die von den Verfassern in einigen Aufschlüssen der Kreide-/Karbongrenze durchgeführt wurden, war ein unmittelbarer Zusammenhang zwischen der Karbon-Klüftung und der Kreide-Klüftung **nicht** ersichtlich. Zwar beschreibt BÖKE (1963) aus dem genannten Bereich Klüfte, die sich von karbonischen Schichten in die Kreide erstrecken, nach eigener Untersuchung der

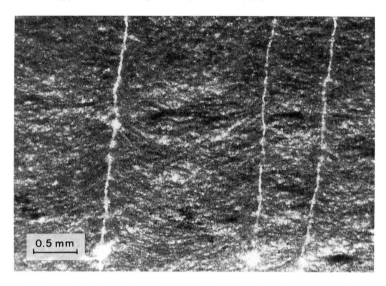

Abb. 64 Dünnschliffaufnahme eines mikritischen Kalksteins mit einem auffälligen girlandenartigen Verlauf der Schichtung. Das Zentrum der einzelnen 'Hochs' ist jeweils an eine verheilte Kluft geknüpft. Ursache des Phänomens dürften unterschiedliche Kompaktionsraten in der Umgebung der als 'Stützpfeiler' wirkenden zementierten Klüfte sein. Oberer Muschelkalk, Natbergen/Osning.

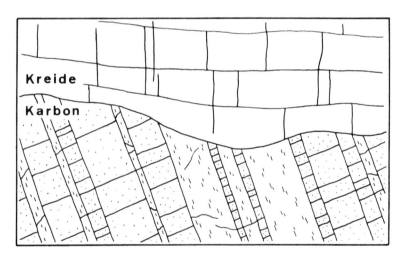

Abb. 65 Prinzipskizze der Klüftungssituation in einigen Aufschlüssen der Kreide/Karbongrenze am Südrand des Münsterschen Kreidebeckens. Klüfte in den verstellten Karbonsedimenten nehmen eine geneigte, Klüfte in den flachlagernden Kreideschichten hingegen eine vertikale Stellung ein (überwiegend bankrechte Kluftorientierung in beiden Einheiten). Auch das räumliche Auftreten der Kreide-Klüfte ist unabhängig von der Position der Karbon-Klüfte. Bedingt durch die unterschiedliche Verwitterungsbeständigkeit der Karbonschichten (Grauwacken, Tonschiefer) zeigt die Karbonoberfläche ein Relief, das die Fazies- und Mächtigkeitsverteilung der Kreidebasis-Sedimente kontrollierte.

von BÖKE bearbeiteten, noch zugänglichen Aufschlüsse jedoch stellen solche Klüfte im Verhältnis zur Gesamtzahl der in den verschiedenen Einheiten existierenden Klüfte nur vereinzelte Ausnahmen dar. Besonders in Aufschlüssen mit einer deutlichen Winkeldiskordanz zwischen Karbon und Kreide war schnell zu erkennen, daß Klüfte in den Kreidebasis-Schichten unabhängig von der Klüftung im Karbon auftreten (Abb. 65). Interessant war jedoch auch die Beobachtung, daß in manchen Fällen die Streichrichtung der dominierenden Kluftschar in der Kreide mit dem Schichtstreichen im Karbon übereinstimmte. Als Erklärung dieses Phänomens ist folgender Mechanismus wahrscheinlich: bei geneigter Lagerung führt die unterschiedliche Verwitterungsbeständigkeit der Karbonschichten zu einem Relief mit den Trends der 'Hochs' und 'Tiefs' parallel zum Schichtstreichen (Abb. 65). Dieses Relief bewirkt gewisse Unterschiede in der Fazies- und Mächtigkeitsverteilung der Kreidebasis-Schichten (vgl. HISS 1982), was wiederum ein unterschiedliches Kompaktionsverhalten der Kreidesedimente zur Folge hat. Diese **differentielle Kompaktion** konnte sich in manchen Fällen offenbar soweit auf die lokale Spannungssituation innerhalb der unmittelbar auflagernden Schichten auswirken, daß sie die Ausrichtung (nicht die Anlage selbst) von Klüften steuerte (zum Phänomen differentielle Kompaktion vgl. DAVIS 1984: Fig. 8.16).

Die Bedeutung solcher geologischer Vorgänge, die **Unterschiede in den Beträgen der schichtparallelen Hauptspannungen** verursachen (im Falle ruhig gelagerter Schichtfolgen $\sigma_2 \neq \sigma_3$) und damit die jeweilige lokale **Orientierung** sich bildender Klüfte bestimmen, läßt sich am Beispiel von Trockenrissen leicht veranschaulichen. Während solche Risse in einer horizontal lagernden Schicht durchweg ungeordnete Muster zeigen ($\sigma_2 = \sigma_3$), kann bereits eine geringe Neigung dieser Schicht, also ein zusätzlicher, in diesem Fall **gravitativer** Effekt ($\sigma_2 \neq \sigma_3$), eine klare Regelung der Risse zu einem orthogonalen Netzwerk bewirken (ALLEN 1982: Fig.13-24). Die Risse ordnen sich unter diesen Umständen senkrecht und parallel zur Einfallsrichtung der Schicht an.

Zu den Prozessen, die im Rahmen großräumiger Absenkungsprozesse Einfluß auf das lokale bis regionale Spannungsfeld und damit auf die Ausrichtung von Klüften nehmen können, gehören neben der differentiellen Kompaktion (Abb. 66a) auch **Reaktivierungen präexistenter Störungen** im Untergrund, die sich unmittelbar ins Deckgebirge fortpflanzen oder flexurartige Verbiegungen der Deckschichten hervorrufen (Abb. 66b; über Richtungsparallelitäten zwischen strukturellen Trends im Untergrund und Klüften im Auflager berichten u. a. HODGSON 1965 und PARKER GAY 1973). In Betracht gezogen werden weiterhin **gravitative Gleitungen** von Teilen einer Schichtfolge in Richtung zum Bekkenzentrum (BOCK 1980). Aber auch jede andere Art von Materialbewegung im Untergrund wie etwa **Fließvorgänge** plastisch reagierender Schichten (Ton, Salz, Abb. 66c) oder auch die Ablaugung leicht löslicher Evaporite (Salze, Gips) kann Unterschiede im Betrag der schichtparallel gerichteten Hauptspannungen bewirken.

Ein weiterer, noch wenig diskutierter Faktor für die Kluftorientierung ist die **Form eines Sedimentkörpers**, denn je nach den Abmessungen eines Gesteinskörpers sind Entlastungsvorgänge durch Bruchprozesse in manchen Richtungen leichter möglich als in anderen. Demonstrieren läßt sich dieser Zusammenhang an kleinmaßstäblichen Probekörpern unterschiedlicher Form, die im Labor bis

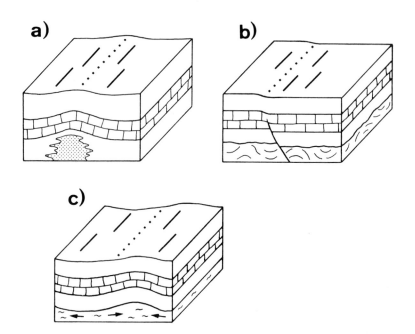

Abb. 66 Zur Bedeutung lokaler geologischer Rahmenbedingungen für die Kluftausrichtung. Die Ausrichtung einer Trennbruchschar wird in den gezeigten Beispielen durch folgende Faktoren gesteuert:
a) Kompaktionsunterschiede infolge lateral wechselnder Materialbeschaffenheit (hier: im Umfeld eines Riffes)
b) Reaktivierung einer präexistenten 'Basement'-Störung
c) Fließvorgänge in einer inkompetenten Schicht (Ton, Salz).

zum Bruch belastet werden. Entsprechende Versuche mit Proben zylindrischen, quadratischen und rechteckigen Querschnittes beschreibt JAROSZEWSKI (1984: Fig. 77). Dabei zeigte sich, daß die Bruchflächen im ersten Fall (zylindrischer Querschnitt) annähernd **konzentrisch** zum Probenrand verliefen. Bei Proben quadratischen Querschnitts wurden Bruchflächen parallel zu **beiden** Seiten des Probestückes angelegt, während im Falle rechteckiger Querschnitte nur **eine** Bruchrichtung parallel zur Längsachse der Probe auftrat.

Großräumig betrachtet spielt damit auch die **Geometrie eines Sedimentbeckens** eine Rolle für die Spannungssituation, die sich in den abgelagerten Schichten einstellt. Nähere Einzelheiten zu diesem Gesichtspunkt diskutieren PRICE (1974) und BOCK (1980).

Wie bei vielen anderen geologischen Prozessen auch ist der Einfluß des Faktors **Zeit** bei der Entstehung regionaler Kluftnetze noch schwer abzuschätzen. Aus Laborexperimenten ist bekannt, daß Gesteine bei konstanter oder auch zyklischer langandauernder Belastung in vielen Fällen merklich geringere Festigkeiten aufweisen als bei kurzfristiger Belastung (u. a. BRACE 1964, PRICE 1966, COSTIN 1987). Zum Teil wird dieses Verhalten auf **unterkritisches Rißwachstum** zurückgeführt (Rißausbreitung schon bei Spannungsbeträgen, die deutlich unter der Festigkeitsgrenze des Gesteins liegen, 'subcritical crack growth'). Nach Ergebnissen neuerer Untersuchungen zeichnet sich ab, daß in Gegenwart wäßriger Lösungen offensichtlich auch chemische Reaktionen an der Spitze eines Risses zur Festigkeitsverminderung beitragen können ('stress corrosion'; ATKINSON 1982). Hingewiesen wird auf solche zeitabhängigen Effekte besonders von Autoren, die die Entstehung von Klüften mit Spannungen in Verbindung bringen, die aus planetaren Vorgängen resultieren. So wird insbesondere die rhythmische Gezeitenbewegung der Erdkruste immer wieder als möglicher Prozeß genannt, der, über geologische Zeiträume wirkend, zum (Ermüdungs-) Bruch der Gesteine führen könnte (u. a. KENDALL & BRIGGS 1933, HODGSON 1961b).

Für die Klüftung flachliegender, ungestörter Sedimentfolgen werden, wie am Anfang dieses Abschnittes erläutert, regionale Extensionsvorgänge wenn auch geringen Ausmaßes mitverantwortlich gemacht. Werden die Prozesse, die die Extension einer Region bewirken (Aufwölbung einer Gesteinsfolge, gravitative Gleitungen, etc.), so bedeutsam, daß die daraus resultierenden Spannungen in einer Schichtfolge nicht (mehr) durch die Bildung von Klüften ausgeglichen werden können, entwickeln sich in der betreffenden Region zunehmend Störungen (Abschiebungen) wechselnder Größenordnung. Damit ändert sich der strukturelle Baustil dieser Region. Bereiche mit ursprünglich 'ruhigen' Lagerungsverhältnissen gehen so in erkennbar distensiv verformte Bereiche über ('Extensionsbereiche').

Eine wichtige Frage bei der Analyse der Klüftungsverhältnisse in Extensionsbereichen betrifft stets die relativen Altersbeziehungen zwischen den auftretenden Klüften und Abschiebungen. Klüfte und Störungen können nach allgemeiner Auffassung zum einen 'nebeneinander', d. h. in einem zusammenhängenden Deformationsvorgang bei konstanter Extensionsrichtung entstanden sein (Abb. 48). Andererseits können das Kluftnetz (bzw. ein Teil des Kluftnetzes) und das Störungsnetz auch als Folge unterschiedlicher Prozesse in verschiedenen Zeiträumen, also unabhängig voneinander gebildet worden sein. Als Kriterium für die Beurteilung dieser Frage werden üblicherweise die Richtungsbeziehungen herangezogen, die in dem jeweiligen Gebiet zwischen Klüften/ Kluftscharen und Abschiebungen bestehen. Während bei unterschiedlicher Ausrichtung beider Bruchformen diese in der Regel unterschiedlichen Verformungsprozessen zugeordnet werden, wird im Falle von Richtungsparallelitäten meist auf eine gemeinsame Entstehungsursache geschlossen. Zu berücksichtigen ist hierbei allerdings auch die Möglichkeit, daß die Ausrichtung jüngerer Störungen durch ein präexistentes Kluftnetz kontrolliert (Abschn. 3.2.1) bzw. ein Teil der präexistenten Klüfte selbst in Form von Abschiebungen reaktiviert wurde (Abb. 38, 39).

Verglichen mit Deckgebirgstafeln (und auch mit vielen Extensionsbereichen) weisen Faltengebirgsbereiche oftmals deutlich komplexere Kluftnetze auf. Nicht selten sind in einer gefalteten Schichtfolge selbst dicht benachbarte Bereiche innerhalb einer Schicht oder auch unmittelbar aufeinanderlagernde Schichten in unterschiedlicher Weise geklüftet. Von Teilbereich zu Teilbereich kann in solchen Fällen sowohl die Anzahl als auch die Raumlage der auftretenden Kluftscharen wechseln. Ein einfacher Zusammenhang zwischen der Orientierung der Klüfte und der jeweiligen lokalen Orientierung der Faltenachse, wie in Abb. 41

skizziert, ist dann nicht immer zu erkennen. Entsprechende Verhältnisse dokumentieren beispielsweise die Abb. 6, 24 und 59, die in einem einzelnen Aufschluß im gefalteten Paläozoikum des Oberharzes, in nur geringer Entfernung voneinander aufgenommen wurden.

Die Ursachen solcher Unterschiede der Kluftnetzgeometrie innerhalb kleinerer oder größerer Teilbereiche können vielfältig sein. Ihre Klärung bereitet daher bei Geländeuntersuchungen meist besondere Probleme. Einige Faktoren, die als mögliche Ursachen in Frage kommen, sollen abschließend als Ergänzung zu den in Abschn. 3.2.3 diskutierten allgemeinen Merkmalen faltungsbezogener Klüftung kurz umrissen werden.

Bei der Interpretation von Klüften in gefalteten Schichtfolgen ist u. a. zu berücksichtigen, daß der lokale Spannungszustand auch von der **strukturellen Position**, d. h. der Lage eines Teilbereiches innerhalb einer Falte abhängt. Einflußfaktoren sind dabei vor allem die Faltenform, die Länge der Faltenschenkel und die Mächtigkeitsverhältnisse der beteiligten Schichten (JAROSZEWSKI 1984: Abschn. 6.1.2). In verschiedenen Teilen einer Falte bzw. in verschiedenen Falten entwickeln sich daher in vielen Fällen auch bei gleicher 'regionaler' Beanspruchung lokal unterschiedliche Spannungszustände, die dann unterschiedliche Bruchmuster hervorrufen können.

Auch die **Materialeigenschaften** einer Schichtfolge können direkt Einfluß auf die Kluftnetzgeometrie haben. Wenn aufeinanderlagernde Schichten unterschiedliche Bruchfestigkeiten und/ oder elastische Eigenschaften aufweisen (Abschn. 4.4), wird die Bruchgrenze in diesen Schichten zu **unterschiedlichen Zeitpunkten** während eines Faltungsvorganges erreicht. Werden die Schichten zwischenzeitlich weiter verfaltet, kann sich unter Umständen die Orientierung der Hauptspannungsachsen innerhalb eines Teilbereiches ändern. In einer Schicht, in der der Bruchvorgang erst später einsetzt, werden die Klüfte in diesem Fall eine andere Orientierung einnehmen (entsprechend der neuen Spannungssituation) als in einer anderen auf- oder unterlagernden Schicht, die schon zu einem früheren Zeitpunkt, bei anderen Spannungsverhältnissen geklüftet wurde.

Häufig werden als Folge sich verändernder Spannungsverhältnisse während eines Faltungsvorganges bereichsweise mehrere Kluftgenerationen angelegt. Die Bildung jüngerer Klüfte wird in diesem Fall, neben den schon genannten Faktoren (strukturelle Position, Materialeigenschaften), zusätzlich durch das bereits existierende Bruchmuster beeinflußt (Abschn. 3.2.3). Lokale Unterschiede in der Geometrie der älteren Klüftung hinsichtlich Größe, Anordnung und Verteilung der einzelnen Trennflächen bewirken, daß Klüfte jüngerer Generationen selten einheitliche Orientierungen über größere Teilbereiche zeigen.

Lokale 'Anomalien' der Kluftnetzgeometrie innerhalb ansonsten weitgehend homogener Teilbereiche können eine Folge spezieller lokaler Gegebenheiten sein, die sich auf die Spannungsentwicklung in der betreffenden Schicht während der Kluftbildung auswirkten. Ein Beispiel bilden Störungen (auch reaktivierte Klüfte) in einer unterlagernden Schicht, deren Aktivierung das Spannungsfeld in einer auflagernden, (noch) ungestörten Schicht in der Projektion der Störungsfläche beträchtlich modifizieren kann (NAYLOR et al. 1986). Auch Spannungen, die im Zusammenhang mit schichtparallelen Gleitvorgängen während der Faltung stehen (Faltungsvorschub), können hier von Bedeutung sein. Da die Oberfläche einer Sedimentschicht in der Regel ein unregelmäßiges Relief zeigt, treten in einer Schicht, die über eine unterlagernde Schicht verschoben wird, oftmals geringe Verbiegungen und damit lokale Spannungskonzentrationen auf. Eine ähnliche Rolle, wenn auch mit weitaus größeren Auswirkungen, spielen Rampen, die für Überschiebungsbahnen in Wechselfolgen kompetenter und inkompetenter Schichten typisch sind (Abb. 45). Weiterhin können auch Faktoren eine Rolle spielen, auf die bereits im Zusammenhang mit der Klüftung flachlagernder Sedimentfolgen hingewiesen wurde, etwa sedimentäre Festigkeitsanisotropien, wechselnde Sedimentkörperformen, Restspannungen etc.

Probleme der Zuordnung und Deutung beobachteter Klüfte können schließlich auch darauf beruhen, daß in dem untersuchten Gebiet bereits vor dem Einsetzen der großräumigen, zur Faltung führenden Deformationen ein Kluftnetz existierte. Gerade das Nichtbeachten der letzten Möglichkeit hat in der Vergangenheit zu manchen Fehlinterpretationen geführt.

5 Methodische Aspekte der Aufnahme und Bearbeitung von Kluftdaten

5.1 Vorbemerkungen

Klüftungsdaten eines Gebietes sind nicht nur für strukturgeologische Untersuchungen von Interesse sondern auch für Problemstellungen im Bereich der angewandten Geologie. Beide Arbeitsrichtungen verfolgen unterschiedliche Zielsetzungen. So stehen bei der strukturgeologischen Analyse Fragen der Kluftentstehung, insbesondere der Auswertung von Kluftdaten für die Rekonstruktion der strukturellen Entwicklungsgeschichte einer Region, im Vordergrund. Bei praxisbezogenen Bearbeitungen hingegen geht es mehr um den Einfluß von Klüften auf bestimmte Eigenschaften oder Verhaltensweisen des Gesteins bzw. um die Auswirkungen der Klüftung auf bestimmte, im Fels ablaufende Prozesse. Der nachfolgende Abschnitt konzentriert sich zunächst auf die strukturgeologischen Aspekte einer Kluftanalyse, ergänzende Hinweise zu anwendungsorientierten Gesichtspunkten sind im folgenden Kapitel (6) zusammengestellt.

Bei der Beschreibung und Diskussion der Charakteristika von Kluftnetzen in den vorangegangenen Kapiteln dürfte deutlich geworden sein, daß viele grundlegende Fragen der Entstehung von Klüften und Kluftsystemen - trotz zahlreicher Publikationen zum Thema - noch weitgehend ungeklärt sind. Angesichts dieser Sachlage ist derzeit bei einer **regional** orientierten Untersuchung, realistisch betrachtet, eine **vollständige** und gleichzeitig auch **gesicherte** Klärung des beobachteten Kluftnetzes noch kaum zu erwarten. Doch dürften sich in vielen Fällen immerhin wichtige **Teilergebnisse** erzielen lassen, die zur **Entwicklung oder Überprüfung von Modellvorstellungen** dienen können. Entscheidend für den Erfolg der späteren Interpretation ist allerdings gerade bei der Untersuchung von Kluftnetzen, wie bei kaum einem anderen Deformationsphänomen, die **Qualität der ermittelten Geländedaten** und damit auch die Art und Weise der Datenerfassung im Gelände. Viele Interpretationen beruhen auch heute noch fast ausschließlich auf der Auswertung einer einzigen Kennziffer, der räumlichen Orientierung der jeweils beobachteten Klüfte. Richtungsdaten von Klüften sind jedoch erfahrungsgemäß meist mehrdeutig interpretierbar. So werden nicht selten aus vergleichbaren Daten, je nach den bruchmechanischen Vorstellungen des jeweiligen Bearbeiters, unterschiedliche Beanspruchungspläne konstruiert. Eine Reihe grundlegender Fragen der Kluftanalyse ist zudem durch richtungsstatistische Auswertungen prinzipiell nur schwer oder gar nicht zu klären. Werden hingegen in möglichst umfassender Weise auch Daten der übrigen Kennzeichen des Kluftnetzes einer Region in die Analyse einbezogen, lassen sich im allgemeinen wesentlich fundiertere Ergebnisse erzielen, die zur **Klärung prinzipieller Zusammenhänge**, gegebenenfalls auch zur **qualitativen** Ermittlung lokaler Randbedingungen und Einflußgrößen beitragen können.

5.2 Ablauf und Zielsetzung einer strukturgeologischen Kluftnetzuntersuchung

Der **methodische Ablauf** einer Kluftnetzuntersuchung ist schematisch in Abb. 67 dargestellt. Vereinfacht läßt er sich in folgende drei Arbeitsschritte gliedern:

- die **Datenaufnahme** beinhaltet die Erfassung aller zur Lösung der Aufgabenstellung wichtigen Daten (Literatur-, Gelände-, Labordaten).

- die **Datenbearbeitung** umfaßt Prozeduren von der statistischen Aufbereitung von Meßdatengruppen über Untersuchungen von Gesetzmäßigkeiten in der Ausbildung und/oder im Auftreten der Klüftung bis zu zeichnerischen Darstellungen ermittelter Zusammenhänge.

- der **Interpretation** kommt schließlich die Aufgabe zu, die gesammelten Daten in ein Modell zu integrieren, welches Aussagen über Alter, Entstehungsursachen und Bildungsmechanismen der beobachteten Klüftung macht.

In der Praxis geht es bei der Analyse zunächst vor allem um die Frage nach der relativen Altersstellung der beobachteten Klüftung. Hier interessieren zum einen die relativen Altersbeziehungen zwischen den einzelnen Klüften/ Kluftscharen innerhalb des gesamten Kluftnetzes, zum anderen werden Angaben über relative Altersbeziehungen zwischen der Klüftung und anderen Deformationsstrukturen des jeweiligen Untersuchungsgebietes angestrebt. Von Interesse sind auch mögliche Beziehungen zwischen den nach der Ablagerung der Sedimente innerhalb der Schichtfolge ablaufenden physikochemischen Prozessen (insbesondere Vorgängen während der diagenetischen Verfestigung der Sedimente) und den Klüften einer Schicht bzw. einer Schichtfolge. Ziel ist es jeweils, den in Frage kommenden Bildungszeitraum der Klüftung möglichst eng einzugrenzen.

Daneben stellt sich die Aufgabe, aus den heute vorliegenden Ergebnissen einer (oder auch mehrerer) Bruchdeformation(en) auf die Spannungssituation zum Zeitpunkt der Kluftentstehung zu schließen. Dies gilt zunächst für die einzelnen Meßpunkte und über die Korrelation der hier ermittelten Werte dann auch für das gesamte Arbeitsgebiet (Rekonstruktion des regionalen Spannungsfeldes). Lokale Abweichungen vom regionalen Trend sind gegebenenfalls hinsichtlich ihrer Ursachen näher zu spezifizieren (Bestimmung der lokalen Randbedingungen). Abschließend ist zu diskutieren, welche geologischen Vorgänge jeweils für die Spannungen verantwortlich sein können.

5.3 Allgemeine Hinweise zur Datenaufnahme

Daten zur Lösung der genannten Aufgabenstellungen ergeben sich aus der Analyse der spezifischen Kennzeichen des Kluftnetzes im jeweiligen Arbeitsgebiet. Inhaltlich umfaßt eine Untersuchung dabei die Ermittlung von Kenngrößen zur Beschreibung des beobachteten Kluftnetzes und die Korrelation von Klüftungscharakteristika und strukturellen und lithologischen Gegebenheiten.

Vorbereitende **Literaturstudien** bilden im allgemeinen den ersten Schritt der unter dem Begriff 'Datenaufnahme' zusammenzufassenden Arbeiten. Hierbei geht es für den Bearbeiter zunächst darum, sich durch eine Bestandsaufnahme

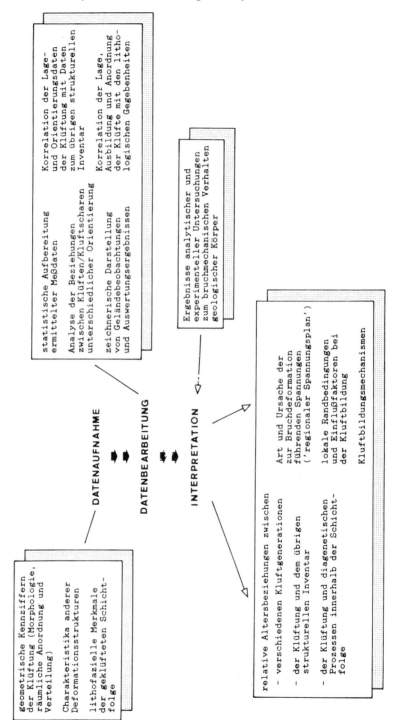

Abb. 67 Methodisches Schema zum Ablauf einer strukturgeologischen Analyse von Kluftdaten.

der das Arbeitsgebiet betreffenden geologischen Literatur einen Überblick über die bereits bekannten strukturellen Verhältnisse zu verschaffen. Gleichzeitig lassen sich aus der Literatur oft schon wertvolle Hinweise auf wichtige Teilbereiche oder Aufschlüsse mit interessanten Phänomenen entnehmen, die als mögliche Ansatzpunkte für die eigene Untersuchung dienen können. Bereits publizierte Daten sollten in einem späteren Stadium dann auch zur Korrelation mit den eigenen Daten bzw. zu deren Ergänzung herangezogen werden.

An die Literaturarbeiten schließen sich gewöhnlich Übersichtsbegehungen im Untersuchungsgebiet zur **Klärung der jeweiligen Aufschlußsituation** an. Gerade bei Klüftungsanalysen ist diese von enormer Bedeutung. So lassen sich auch die interessantesten Fragestellungen nur dann bearbeiten, wenn die hierzu notwendigen Voraussetzungen hinsichtlich der Lage und Qualität der Aufschlüsse gegeben sind. Generell empfiehlt es sich, bei der Bestandsaufnahme nicht nur Angaben über die Qualität der Aufschlüsse zu vermerken, sondern bereits auch eine Kurzcharakterisierung der angetroffenen Situation vorzunehmen, d. h. Beobachtungen über die strukturellen und lithologischen Verhältnisse, wenn möglich auch die stratigraphische Position und Ergebnisse einiger weniger Messungen zu notieren. Diese Daten sollen nicht nur einen ersten Eindruck von den jeweiligen lokalen bis regionalen Gegebenheiten vermitteln. Sie bilden auch die Grundlage für die in der Regel nach der Vorbereitungsphase notwendige Überprüfung und Anpassung des ursprünglichen Untersuchungsprogrammes. Gleichzeitig sollen sie auch als Entscheidungshilfen bei der **Auswahl der detailliert aufzunehmenden Aufschlußbereiche** dienen. Dieser Auswahl, wie auch der Festlegung der Reihenfolge der Bearbeitung, kommt schon deswegen eine erhebliche Bedeutung zu, weil für eine Untersuchung im allgemeinen nicht unbegrenzt viel Zeit zur Verfügung steht. Als zeitraubend und wenig effektiv hat sich durchweg eine sehr schematische Verfahrensweise erwiesen, bei der zunächst eine quantitative Aufnahme aller im Untersuchungsprogramm vorgesehenen Aufschlüsse durchgeführt wird, an die sich erst dann systematische Auswertungen anschließen. Weitaus sinnvoller ist es, den Ablauf flexibel zu gestalten. Da sich erfahrungsgemäß nur in einem vergleichsweise geringen Teil aller Aufschlüsse überhaupt prinzipielle Ergebnisse erzielen lassen, sollte mit den Untersuchungen zunächst dort begonnen werden, wo bereits unmittelbar mit ersten Ergebnissen zu rechnen ist. Werden so schon frühzeitig bestimmte Gesetzmäßigkeiten erkannt, können die ermittelten Ergebnisse anschließend durch **gezielte** Untersuchungen in anderen Aufschlüssen unter erheblicher Zeitersparnis überprüft, ergänzt oder gegebenenfalls korrigiert werden.

Übertragbar ist dieses Verfahren auch auf Untersuchungen in ausgedehnten Aufschlußarealen (Großsteinbrüchen). Angestrebt werden sollte hier zunächst die Erfassung repräsentativer Teilbereiche, wobei das Meßpunktraster im weiteren je nach Sachlage kontinuierlich verdichtet werden kann.

Sofern die Möglichkeit besteht, sollten in eine Analyse stets **Teilbereiche mit unterschiedlichem strukturellem Baustil oder Deformationsgrad** einbezogen werden. Daraus ergeben sich häufig günstige Voraussetzungen, um durch den kritischen Vergleich der Gemeinsamkeiten und Unterschiede in der Ausbildung und Ausrichtung der auftretenden Klüfte zwischen den verschieden gestalteten Bereichen Fragen des Alters und der Zuordnung der Klüftung zu klären. So ist es beispielsweise in gefalteten Schichtfolgen empfehlenswert, zunächst Untersuchungen in Bereichen mit unterschiedlicher Schichtlage innerhalb einer einzelnen Falte (gegenüberliegende Faltenflanken, Faltenkern, Faltenende) vorzunehmen. Im nächsten Schritt sollten die Untersuchungen auf benachbarte Falten mit unterschiedlicher Orientierung der Faltenachsen ausgedehnt werden. Geprüft werden kann dann, ob und inwieweit sich die Raumlage der vorhandenen Kluftscharen konform mit der Ausrichtung der Faltenachsen ändert. Treten im Arbeitsgebiet bedeutsame Störungen auf (z. B. Abschiebungen in einer Grabenzone), deren Altersbeziehung zur Klüftung zu klären ist, sollten nach Möglichkeit Daten längs eines Querprofiles über die Störung aufgenommen werden, um so die Verhaltensweise bzw. eventuelle Veränderungen des Kluftgefüges im Umfeld der Störung zu erfassen. Wünschenswert sind gegebenenfalls auch Daten aus Bereichen mit unterschiedlicher Störungsausrichtung oder aus Bereichen, die durch Schichtverstellungen als Folge von Schollenkippungen an den Störungen gekennzeichnet sind.

In eine Kluftanalyse gehen im allgemeinen Daten aus unterschiedlichen Beobachtungsebenen ein. Für den Interpreten ist es gleichermaßen bedeutsam, ein möglichst vollständiges Bild des regionalen Kluftmusters wie auch Detailinformationen über die bei der Kluftentstehung beteiligten Mechanismen und Parameter zu gewinnen. Daher umfaßt ein Untersuchungsprogramm meist eine Kombination verschiedener **einzusetzender Methoden,** von der Luftbildauswertung über die konventionelle Geländearbeit bis hin zur mikroskopischen Untersuchung.

Luftbildkartierungen können ein einfaches und schnelles Verfahren zur flächenhaften Bestandsaufnahme des Kluftnetzes einer Region darstellen. Voraussetzung sind allerdings günstige Oberflächengegebenheiten, für die die Aufschlußverhältnisse, die Art und Intensität der Verwitterung, der Bewuchs und die Landnutzung entscheidend sind. Auf Luftbildern freiliegender Gesteinsoberflächen kann der Verlauf von Klüften anhand von morphologischen Kanten und linearen Erosionsrinnen (Abb. 27), linearen Vegetationsaufreihungen (Abb. 25) oder auch geradlinig verlaufenden Flußabschnitten erfaßt werden. Weitergehende Einzelheiten der Kartierung von Kluftnetzen in Luftbildern sind der Publikation von KRONBERG (1984) zu entnehmen.

Die Aufnahme der für die Problemlösung wichtigen Aufschlußdaten bildet den Schwerpunkt der eigentlichen **Geländearbeiten,** hinzukommen kann die Entnahme von Handstücken für eventuelle spätere Laboruntersuchungen.
Bei der Aufschlußbearbeitung geht es zunächst um die Erfassung von Daten zur Charakterisierung der Klüftung selbst. Hier interessieren allgemeine Daten über die Ausbildung, Anordnung und Verteilung der Klüfte. Die verschiedenen Merkmale (Dimension, Form, Abstandsverteilung etc.) können teils durch quantitative Messungen ermittelt, teils durch qualitative Beschreibungen dokumentiert werden.
Für die Zahl der Messungen, die bei der Erhebung von Raumlagedaten erforderlich ist, lassen sich nur bedingt Regeln aufstellen, da die jeweils angetroffene strukturelle Situation eine wesentliche Rolle spielt. So dürfte ein einfaches orthogonales Kluftpaar schon durch 20 - 30 Messungen hinreichend zu charakterisieren sein, während bei komplexeren Verhältnissen größere Datenmengen unerläßlich sind. Dies kann aber auch zu einer erheblichen Ausdehnung der Meßbereiche

führen, in denen dann auch räumliche Veränderungen im Kluftnetz auftreten können (Abb. 23, 24a). Zu prüfen ist deshalb bei der Datenauswertung stets auch die Homogenität des Bruchmusters im jeweiligen Untersuchungsbereich, um unerwünschte 'Sammeldiagrammeffekte' zu vermeiden.

Eine besondere Bedeutung kommt Detailbeobachtungen zu, aus denen sich Erkenntnisse über die relativen Altersbeziehungen verschiedener Klüfte/ Kluftscharen und die Mechanismen der Kluftentstehung gewinnen lassen. Notiert werden sollten beispielsweise die Art der Klufttermination oder das Verlaufsverhalten von Klüften bei der Kreuzung anderer Klüfte, die Ausbildung und Orientierung von Oberflächenstrukturen (speziell Besen) ebenso wie die Existenz reliktisch erhaltener Kluftzemente, die als Indiz für ein ehemaliges Zementationsstadium der betreffenden Klüfte dienen können. Zu prüfen ist anschließend, ob sich aus der Summe der Einzelbeobachtungen bestimmte Gesetzmäßigkeiten abzeichnen.

Ebenfalls von Interesse sind bei der Geländeaufnahme Daten zum übrigen strukturellen Gefügeinventar des Untersuchungsbereiches wie Falten, Störungen, Horizontalstylolithen etc. Vermerkt werden sollten zum einen deren jeweilige räumliche Orientierung, zum anderen gehören hierzu auch Beobachtungen von eventuellen Besonderheiten in der Ausbildung, räumlichen Anordnung oder auch Häufigkeit von Klüften in der Umgebung der übrigen auftretenden Strukturen. Weiterhin sollte gezielt nach Phänomenen gesucht werden, die direkt Aufschluß über die relative Altersstellung der Klüfte zu anderen Strukturen geben (z. B. Versetzungen von Klüften an Störungen oder auch an Schichtflächen beim Faltungsvorschub, Reaktivierungsphänomene etc.).

Bestandteil der Geländearbeiten sollte stets auch eine Beschreibung des lithologischen Aufbaus der geklüfteten Schichtfolge sein. Diese spielt besonders dann eine wichtige Rolle, wenn Unterschiede in der Art und/oder Intensität der Klüftung zwischen einzelnen Schichten des Schichtverbandes beobachtet werden. Notiert werden sollten in diesem Fall die jeweiligen spezifischen Merkmale (Gesteinstyp, Bankmächtigkeit) sowohl der Schichten, in denen Kluftuntersuchungen durchgeführt wurden, als auch der unmittelbar auf- bzw. unterlagernden Schichten. Gegebenenfalls können weitergehende Bestimmungen durch gezielte Laboruntersuchungen an repräsentativem Probenmaterial durchgeführt werden.

Als außerordentlich vorteilhaft hat sich bei entsprechenden Aufschlußverhältnissen die Untersuchung freiliegender Schichtflächen im Hinblick auf erkennbare Trennflächenspuren erwiesen. Während Kluftnetzanalysen sonst im allgemeinen auf einer Vielzahl von Einzelmeßwerten beruhen, aus denen anschließend die jeweiligen Maximalagen herausgefiltert werden, kann eine Bestandsaufnahme des vorhandenen Bruchmusters häufig schon unter erheblicher Reduzierung des zeitlichen Aufwandes durch die synoptische Betrachtung einer Schichtfläche und einige wenige Messungen gewährleistet werden. Daneben liegen besondere Vorzüge dieser Methode aber auch darin, daß sich in vielen Fällen Details und Zusammenhänge erkennen lassen, die in anderen Anschnitten nur schwer oder gar nicht kartierbar sind. Dies bezieht sich in erster Linie auf geometrische Parameter des Kluftnetzes, d. h. auf Merkmale der Ausbildung, Anordnung und Verteilung der einzelnen Klüfte bzw. Kluftscharen. Feststellen läßt sich so manchmal auf einfache Weise auch die relative Altersabfolge zwischen Klüften und anderen Strukturelementen (Abb. 35, 37).

Besonders bei der Bearbeitung einer größeren Zahl von Aufschlußpunkten kann die Verwendung vorgefertigter Geländeprotokolle in Tabellenform zweckmäßig sein. Vorteile liegen hierbei vor allem in der einheitlichen und übersichtlichen Aufzeichnung der Geländebeobachtungen. Gleichzeitig läßt sich damit auch die Übertragung der Daten in die EDV für spätere computergestützte Auswertungen rationell gestalten. Die verwendeten Formblätter werden üblicherweise zweigeteilt. Block I beinhaltet allgemeine Angaben über die untersuchte Lokalität (geographische Lage, strukturgeologische und stratigraphische Position, Lagerungsverhältnisse etc.), Block II umfaßt die eigentlichen Beobachtungs- und Meßdaten. Die inhaltliche Gestaltung dieses Blockes sollte der jeweiligen speziellen Fragestellung und Situation angepaßt werden. Abb. 68 zeigt als Beispiel ein Formblatt, das für die Untersuchung von Trennflächenspuren auf freiliegenden Schichtflächen im Oberharz zusammengestellt wurde (in veränderter Form nach THEISSEN 1983).

Sollen **mikroskopische Untersuchungen** durchgeführt werden, sind dafür Probestücke mit ganz oder teilweise verheilten Klüften besonders geeignet, nicht nur wegen der einfachen Präparation, sondern auch wegen des im Vergleich mit

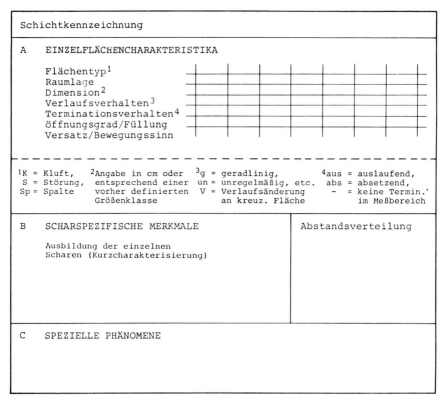

Abb. 68 Beispiel eines Formblattes (Geländeprotokoll) für die Aufnahme von Klüftungsdaten, hier: Protokoll für die Untersuchung von Trennflächenspuren auf freiliegenden Schichtflächen.

offenen Trennflächen höheren Informationsgehaltes. Aus der Analyse des Kluftzementes können sich, wie in Abschn. 2.5 gezeigt, eine Reihe zusätzlicher Erkenntnisse ergeben. Die genaue Entnahmestelle des Probekörpers richtet sich nach dem gewünschten Anwendungsschwerpunkt (Beispiel: Bestimmung des Kluftverlaufes an lithologischen Grenzen oder strukturellen Inhomogenitäten). Eine orientierte Entnahme ist stets anzustreben. Für die Dünnschliffherstellung sollten, wenn möglich, Schnittebenen senkrecht zum Kluftverlauf und gleichzeitig senkrecht oder parallel zur Schichtung gewählt werden, da Schnitteffekte in anderen Profilebenen leicht zu Fehleinschätzungen führen können.

5.4 Statistische Datenbearbeitung, Datenpräsentation

Zur Charakterisierung bestimmter geometrischer Eigenschaften eines Kluftnetzes, insbesondere der Raumlage der beobachteten Klüfte, werden üblicherweise Messungen an einer größeren Zahl von Klüften pro Untersuchungsbereich durchgeführt. Die gewonnene Datenmenge wird anschließend mit statistischen Verfahren auf ihre Merkmale untersucht. Die graphische Darstellung der Auswertungsergebnisse (wie auch der Originaldaten) bildet dann die Grundlage für die Dateninterpretation.

Geländeuntersuchungen werden in der Praxis oft entlang von Anschnittflächen (beispielsweise Steinbruchwänden) einer bestimmten Orientierung durchgeführt. Soll aus den hier gewonnenen Daten ein Diagramm erstellt werden, das die **Richtungsverteilung der Klüfte** im untersuchten Bereich wirklichkeitsgetreu wiedergibt, ist zunächst der '**Schnitteffekt**' zu berücksichtigen, der vom jeweiligen Winkel zwischen der Aufschlußrichtung und den auftretenden Kluftscharen abhängt. In Abb. 69a wird dieses Phänomen an einem einfachen Beispiel, einer orthogonal geklüfteten Schichtfolge, demonstriert. Wird entlang einer Anschnittfläche gemessen, die parallel zu einer der Kluftrichtungen verläuft (x, z), so werden in erster Linie Klüfte der jeweils anderen Kluftschar aufgenommen. Nur entlang von Meßstrecken, die beide Scharen unter gleichem Winkel schneiden (y), sind beide Kluftscharen im gleichen Verhältnis repräsentiert. Quantitativ kann dieser Effekt bei der Auswertung durch eine einfache Rechenoperation (TERZAGHI 1965, LA POINTE & HUDSON 1985) berücksichtigt werden, Abb. 69b verdeutlicht hierzu die prinzipiellen Zusammenhänge: die Klufthäufigkeit (D) entlang einer Meßstrecke definierter Länge ist dann maximal (D_{max}), wenn der Winkel zwischen Kluft- und Aufschlußrichtung $\alpha = 90°$ beträgt. Für geringere Winkelwerte ($\alpha < 90°$) berechnet sie sich nach

$$D_\alpha = D_{max} \quad \cos(90 - \alpha) \tag{4}$$

Bei der Darstellung einer Häufigkeitsverteilung (z. B. der Konstruktion einer Kluftrose) kann dementsprechend so verfahren werden, daß die für jede Klasse ermittelten Häufigkeiten zunächst durch den Term $\cos(90 - \alpha)$ dividiert und diese korrigierten Werte dann für die graphische Darstellung benutzt werden:

$$D_{max} = D_\alpha / \cos(90 - \alpha) \tag{5}$$

Ausführlich erläutert ist die Anwendung statistischer Verfahren zur Klärung noch zahlreicher weiterer Fragen, die mit der Datenaufnahme entlang einer Meß-

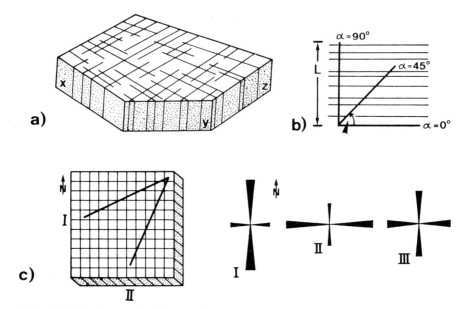

Abb. 69 Die Bedeutung des 'Schnitteffektes' für eine Kluftnetzuntersuchung.
a) idealisiertes Blockbild zur Demonstration der Klüftungssituation in unterschiedlich orientierten Aufschlußwänden
b) zur Ableitung des qualitativen Zusammenhanges zwischen der Häufigkeit von Klüften einer Schar und der Orientierung einer Meßgeraden definierter Länge
c) Häufigkeitsverteilungen (Kluftrosen) für zwei spezielle Schnittlagen in einem homogenen orthogonalen Kluftnetz (I, II), tatsächliche Häufigkeitsverteilung für den Gesamtbereich (III).

strecke zusammenhängen ('scanline sampling'), in der Publikation von LA POINTE & HUDSON (1985). Diskutiert werden u. a. Möglichkeiten, von der Kluftverteilung entlang einer untersuchten Linie auf die flächenhafte Kluftverteilung zu schließen, oder auch Möglichkeiten, die lokale Kluftgeometrie in inhomogenen Kluftnetzen exakt zu beschreiben und auch vorauszusagen.

Graphisch dargestellt werden Orientierungsdaten üblicherweise in Form von **Histogrammen**, **Kluftrosen** oder unter Verwendung der **Lagenkugel**.
Histogramme und Kluftrosen als zweidimensionale Graphiken enthalten nur Informationen über die Streichrichtung, nicht aber das Einfallen der kartierten Klüfte, weshalb die Verwendung dieses Diagrammtyps nur für Klüfte mit annähernd gleichen Einfallswerten sinnvoll ist. In der Praxis werden die beiden Diagrammformen vor allem zur Charakterisierung eines bankrechten Kluftnetzes in flach lagernden Sedimenten benutzt. Im Falle stärker verstellter Schichtfolgen mit bankrechten Klüften kann die Schichtverstellung zunächst konstruktiv rückgängig gemacht werden (unter gleichzeitiger Mit-Rotation der Kluftlagen). Anschließend kann ein Diagramm aus den rotierten Daten entwickelt werden.

Die Konstruktion eines Histogramms oder einer Kluftrose beginnt mit der Zusammenfassung der gemessenen Streichwerte in **Klassen**, üblicherweise von 5°

Klasse	1-10	11-20	21-30	31-40	41-50	51-60	61-70	71-80	81-90
Anzahl	3	7	11	2	0	5	4	1	0
%	5.6	13.2	20.8	3.8	0	9.4	7.6	1.9	0

Klasse	91-100	101-110	111-120	121-130	131-140	141-150	151-160	161-170	171-180
Anzahl	0	0	2	4	4	1	5	4	0
%	0	0	3.8	7.6	7.6	1.9	9.4	7.6	0

Abb. 70 Datenliste zur Konstruktion von Streichrichtungs-Histogrammen oder Kluftrosen und zugehöriges Diagramm.

oder 10° (Abb. 70). Darauf folgt die Berechnung der prozentualen Häufigkeit jeder Klasse und gegebenenfalls eine Korrektur dieser Werte zum Ausgleich des Schnitteffektes bei der Datenaufnahme. Weiterhin ist der Größenmaßstab für die graphische Darstellung festzulegen (beispielsweise: 10% soll 1 cm Länge entsprechen). Die Häufigkeitswerte der einzelnen Klassen werden dann in einem rechtwinkligen Koordinatensystem in Richtung der y-Achse (Histogramm) oder in zirkularer Form auf Kreisradien längs von Klassengrenzen (Kluftrose) abgetragen. In einer anderen, ebenfalls gängigen Kluftrosen-Version werden die Häufigkeiten entlang der Klassenmitten dargestellt. Unterschiedliche Formen der Präsentation von Kluftrosen sind unter diesem Stichwort im DEUTSCHEN HANDWÖRTERBUCH DER TEKTONIK zusammengestellt.

Von den verschiedenen Projektionen der Lagenkugel wird bei der Bearbeitung von Klüftungsdaten durchweg die flächentreue Azimutalprojektion, das **SCHMIDTsche Netz**, verwendet. Sie berücksichtigt, im Unterschied zu den eben beschriebenen Diagrammformen, auch die Einfallswerte der darzustellenden Gefügeelemente und erlaubt, die exakten Winkelbeziehungen zwischen Strukturen gleicher oder unterschiedlicher Art auf einfache Weise zu ermitteln. Ein weiterer wesentlicher Vorteil liegt in der Möglichkeit, Bewegungsvorgänge auf konstruktivem Wege rückgängig machen zu können. Auf Grundlagen und Handhabung des Schmidtschen Netzes soll hier allerdings, da bereits vielfach beschrieben, nicht näher eingegangen werden. Neuere Publikationen, die sich ausführlich mit dem Thema befassen, liegen von QUADE (1984) und WALLBRECHER (1986) vor.

Aus den aufgenommenen Kluftdaten wird in der Regel zunächst ein **Polpunktdiagramm** erstellt, in das die Raumlagen der Klüfte als Flächenpole eingetragen werden (Abb. 71b). Bei horizontaler Schichtlagerung liegen die Polpunkte bankrechter Flächen an der Peripherie des Gefügediagrammes, im Falle geneigter Schichten ordnen sie sich entlang des Schichtflächengroßkreises an. Für Flächen mit unterschiedlichen geometrischen Eigenschaften können gegebenenfalls unterschiedliche Symbole gewählt, daneben auch andere Strukturen (Faltenachsen, Stylolithen etc.) gleichzeitig mit dargestellt werden. Stets vermerkt werden sollte als wichtiges Bezugselement die Schichtlage im untersuchten Aufschlußbereich. Für sie bietet sich eine Eintragung als Großkreis an (Abb. 71b).

Durch das Auszählen der Polpunkte können anschließend Bereiche gleicher **Besetzungsdichte** ermittelt und durch Linien, eventuell auch durch weitere Signatu-

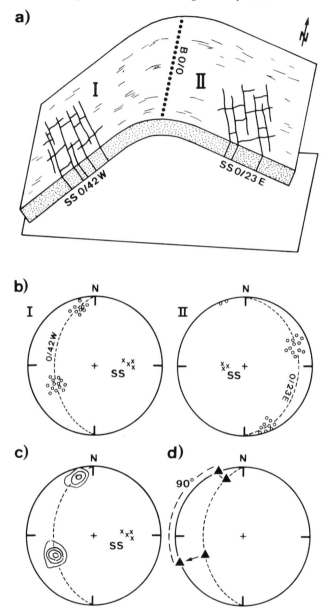

Abb. 71 Polpunkt- und Isoliniengefügediagramme hypothetischer Kluftdaten aus den gegenüberliegenden Flanken einer Falte.
a) Schemaskizze zur Verdeutlichung der Geländesituation
b) Darstellung der Meßwerte (Polpunktdiagramme), getrennt für jede Faltenflanke
c) Häufigkeitsverteilung (Isoliniendiagramm) für die W-fallende Flanke (I), Isolinien 1/10/20/30%
d) Lage der Kluftmaxima der W-fallenden Flanke (I) vor und nach Horizontierung der Schicht.

ren voneinander abgegrenzt werden (**Isoliniendarstellung**: Abb. 71c). Gebräuchliche Auszählnetze, die die Verzerrung der Randbereiche in der Projektion berücksichtigen, wurden u. a. von BRAUN (1969) entwickelt (vgl. auch WALLBRECHER 1986: Abschn. 8.2.5.1). Aus Isoliniendiagrammen können gegebenfalls weitere statistische Kenngrößen abgeleitet werden, etwa der **Regelungsgrad**, der die richtungsmäßige Streuung von Klüften einer Schar um den Mittelwert beschreibt (u. a. BRAUN 1980). Hingewiesen sei in diesem Zusammenhang aber darauf, daß solche quantitativen Maßzahlen nur dann eine Bedeutung haben, wenn auch die Gesetzmäßigkeiten der Verteilung der einzelnen Klüfte im jeweiligen Untersuchungsbereich hinreichend geklärt sind. So sollte zunächst die Frage untersucht werden, ob der Bereich, in dem die jeweiligen Daten aufgenommen wurden, als homogen in Bezug auf die Kluftnetzgeometrie angesehen werden kann. Werden Daten aus benachbarten Bereichen, die sich in der Kluftnetzgeometrie unterscheiden (Abb. 23, 24), in einem Gefügediagramm **gemeinsam** aufbereitet und dargestellt, führt dies, verglichen mit den einzelnen Homogenbereichen, zu einer größeren Zahl von Maxima in **einem** Diagramm. Deren Existenz wiederum kann leicht dazu verleiten, die einzelnen Bruchrichtungen konstruktiv verschiedenen, zeitlich getrennten Deformationsphasen zuzuordnen, während die Ursache allein durch lokale Variationen der Spannungsverhältnisse bei nur einer Beanspruchung bedingt sein kann ('Sammeldiagrammeffekt').

Ein praxisnahes Beispiel für die Polpunkt- und Isoliniendarstellung von Kluftdaten zeigt Abb. 71. Dokumentiert sind hier die hypothetischen Meßergebnisse aus gegenüberliegenden Flanken einer Falte.

Für die Diagrammerstellung, die sich speziell bei großen Datenmengen sehr zeitaufwendig gestalten kann, werden heute überwiegend Rechenprogramme benutzt. Zu den bekanntesten im deutschsprachigen Raum zählen das FORTRAN-Programm GELI 1 (KRÜCKEBERG 1968) und seine Erweiterung zu GELI 2 (BEHRENS & SIEHL 1975). Wegen des derzeit ständig zunehmenden Einsatzes von Personal-Computern wurden inzwischen entsprechende Programme oder Programmteile auch in den Programmiersprachen BASIC (WALLBRECHER 1986) oder PASCAL (C. + D. MEIER 1988) entwickelt.

Für die Präsentation der Raumlagedaten ist es von Vorteil, wenn die konstruierten Diagramme auf Karten montiert werden, die gleichzeitig auch Informationen über die Struktur der untersuchten Region vermitteln (tektonische Karten, Streichlinienkarten, Tiefenlinien- oder Isopachenpläne etc.). Solche synoptischen Übersichten dienen einerseits der Erfassung regionaler Richtungstrends im Kluftnetz, andererseits ergeben sich hiermit oft schon bei kurzer Betrachtung deutliche Hinweise auf eventuelle Zusammenhänge zwischen der Klüftung und den übrigen auftretenden Strukturen. Darüberhinaus können anschließend ausgewählte Diagramme gezielt nach bestimmten Kriterien einander gegenübergestellt werden. So sollten Vergleiche vorgenommen werden zwischen Diagrammen aus unterschiedlichen stratigraphischen Einheiten, unterschiedlichen strukturgeologischen Positionen oder auch unterschiedlichen Gesteinstypen.

Ergebnisse von Messungen der **Kluftabstände** in einem Untersuchungsgebiet werden in der Regel mit Hilfe zweidimensionaler kartesischer Koordinatensysteme graphisch dargestellt. Konstruiert werden i. a. zunächst Diagramme, die die Abstandsverteilung innerhalb einzelner Schichten mit jeweils konstanter Schicht-

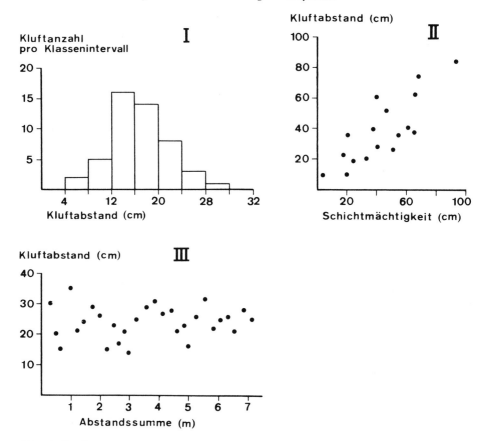

Abb. 72 Zur Dokumentation und Auswertung von Kluftabstandsmessungen.

mächtigkeit zeigen. Die Ergebnisse der Messungen können, in Klassen zusammengefaßt, entweder in Form von Histogrammen (Abb. 72: I) oder auch in Form von Häufigkeitskurven präsentiert werden. Soll die räumliche Verteilung der Abstände demonstriert werden, können die einzelnen Meßwerte als Funktion der Länge der Meßstrecke abgetragen werden (Abb. 72: III). Ferner können die Datenmengen durch statistische Kennwerte (Mittelwert, Streuung, Vertrauensgrenzen) auch zahlenmäßig charakterisiert werden (u. a. BOCK 1971).

Mit den berechneten statistischen Maßzahlen können, je nach Fragestellung, die mittleren Kluftabstände verschiedener Kluftscharen, die Abstandsverteilungen in unterschiedlichen Gesteinstypen oder bei unterschiedlichen Schichtmächtigkeiten (Abb. 72: II) etc. verglichen werden. Für den Fall, daß sich die einzelnen Schichtmächtigkeiten beträchtlich unterscheiden, empfehlen LADEIRA & PRICE (1982) die Verwendung logarithmischer Skalen. Die hohe Datendichte, die meistens im Bereich kleiner Abstandswerte existiert, kann dann besser aufgelöst werden.

In ähnlicher Weise, wie für Kluftabstände beschrieben, können auch Meßdaten der **Größenverhältnisse** von Klüften statistisch aufbereitet und graphisch dargestellt werden. Wenn solche Daten durch Messungen entlang einer Linie ermittelt werden, besteht auch hier die Möglichkeit, rechnerische Korrekturen vorzunehmen, um die Verteilung auf die einzelnen Größenklassen möglichst realitätsgetreu wiederzugeben (die Wahrscheinlichkeit, von einer Meßgeraden geschnitten zu werden, ist bei großen Klüften höher als bei kleinen). Die genaue Verfahrensweise beschreiben LA POINTE & HUDSON (1985).

6 Zur Verwendung von Kluftdaten in der angewandten Geologie

6.1 Klüftungsdaten aus Bohrungen

Unter Aspekten der angewandten Geologie geht es immer häufiger auch um die Klärung der Klüftungsverhältnisse des oberflächennahen oder tieferen Untergrundes. Als Informationsquelle dienen hier in erster Linie **Bohrkerne**, die auf Klüftungscharakteristika durchbohrter Gesteinsabfolgen ausgewertet werden. Daneben wird in den letzten Jahren in zunehmendem Maße aber auch versucht, Klüfte durch **geophysikalische Messungen im Bohrloch** selbst zu kartieren.

Bei der klüftungsorientierten Bearbeitung von Kernmaterial werden die gleichen Merkmale erfaßt, die bei der Bearbeitung von Oberflächenaufschlüssen interessieren, etwa die Dimension, Oberflächenstruktur, Orientierung oder Verteilung der auftretenden Klüfte. Untersuchungsschwerpunkte richten sich nach der jeweiligen Problemstellung. Stehen bei einer Untersuchung beispielsweise Fragen der Zirkulation von Fluiden im Vordergrund, interessiert besonders die Öffnungsweite bzw. der Verheilungsgrad der Klüfte innerhalb des Kernes. Umfang und Qualität der erfaßbaren Daten hängen wesentlich von der Qualität des Kernmaterials ab. An stark zerbrochenen Kernen oder bei hohen Kernverlusten lassen sich kaum wesentliche Erkenntnisse gewinnen.

Zu den spezifischen Methoden, die zur rationellen Bearbeitung von Bohrkernen eingesetzt werden, gehört die Nachzeichnung der Trennflächenspuren auf einer um den Kern gelegten Transparentfolie. Bei orientierten Kernen kann die Bestimmung der Raumlage der kartierten Trennflächen anschließend auf einfache Weise durch den Vergleich der Bohrkernabwicklung mit speziellen Schablonen erfolgen, die den Kurvenverlauf von Flächen verschiedener Raumlagen enthalten (NAGRA 1985). Zahlreiche weitere praktische Hinweise darauf, wie bei der Erfassung auch anderer Kluftcharakteristika aus Bohrkernen verfahren werden kann, wie auch Kriterien zur Unterscheidung natürlicher und künstlicher, bohrungsbedingter Klüfte sind Publikationen von FRIEDMAN (1969), SANGREE (1969), MÖBUS (1982), VAN GOLF-RACHT (1982), NARR & LERCHE (1984) sowie dem umfassenden Untersuchungsbericht über die erste Tiefbohrung der NAGRA in der Nordschweiz (NAGRA 1985) zu entnehmen.

Der Einsatz geophysikalischer Meßverfahren zur in situ-Kartierung von Klüften in der Bohrlochwand basiert auf der Beobachtung, daß manche physikalische Gesteinsparameter (die elektrische Leitfähigkeit, die elastischen Eigenschaften, die Dichte, etc.) durch die Existenz von Klüften eine Veränderung erfahren. Gemessen werden die entsprechenden Eigenschaften im Bohrloch mit Sonden unterschiedlichen Funktionsprinzips. Über die Ermittlung von Anomalien wird versucht, möglichst viele der vorhandenen Klüfte zu lokalisieren und zu charakterisieren und so auch in ungekernten Bohrstrecken Erkenntnisse über die jeweilige Klüftungssituation zu gewinnen. Eine kurze Übersicht über die gebräuchlichen, noch mit wechselndem Erfolg angewendeten Verfahren ist in der Publikation von NELSON (1985) enthalten. Praktische Erfahrungen mit den derzeit leistungsfähigsten Meßgeräten (Dipmeter (HDT), Multiple Scanner Tool (MST), Sonic Televiewer (SABIS)), insbesondere auch direkte Vergleiche der Meßergebnisse mit Bohrkerndaten sind ausführlich im 'Böttstein-Bericht' der NAGRA (1985) beschrieben.

Das eigentliche Problem der Auswertung von Bohrungsdaten stellt ihre Übertragung auf das regionale Umfeld dar. So wirkt sich der geringe Durchmesser des untersuchbaren Bereiches natürlich nachteilig auf die Bestimmung mancher Kenngrößen, etwa der durchschnittlichen Kluftdimensionen oder -abstände, aus. Auch ist die Anzahl der Klüfte, die bei Bohrungen durch wenig geneigte Schichten überhaupt erfaßt werden können, begrenzt (schon bedingt durch die zumeist bankrechte, also annähernd bohrungsparallele Stellung der geregelten Klüfte). Zu fragen ist daher stets, inwieweit die gewonnenen Daten für die Umgebung einer Bohrung repräsentativ sein können. Erschwert wird die Situation weiterhin dadurch, daß die Geometrie von Kluftnetzen, wie an einigen Beispielen demonstriert, schon auf relativ kurzer Distanz unvermittelt wechseln kann, so daß bei Interpretationen in jedem Fall mit Vorsicht zu verfahren ist.

6.2 Erdölgeologische Aspekte

Klüfte können sowohl bei der Bildung als auch bei der Produktion einer Erdöllagerstätte eine wesentliche Rolle spielen, indem sie
(a) als Transportwege bei der **Migration** der Erdölbestandteile fungieren
(b) das Speichervolumen einer Lagerstätte vergrößern (erhöhte **Porosität**)
(c) als Folge der gesteigerten **Permeabilität** höhere Produktionsraten bewirken können.

(a) Auf die mögliche Bedeutung von Klüften bei der Erdölmigration in einen Speicherraum wird bislang erst in wenigen Publikationen näher eingegangen. Zu nennen sind in diesem Zusammenhang insbesondere Arbeiten von DU ROCHET (1981) und MANDL & HARKNESS (1987). Diskutiert werden hier die mechanischen Bedingungen, die innerhalb einer Schichtfolge zu natürlichen hydraulischen Bruchbildungen bei der Intrusion von Erdölbestandteilen führen können und so einen lateralen/ vertikalen Fluidtransport ermöglichen. Beiträge zum Thema beinhalten darüberhinaus Arbeiten von PALCIAUSKAS & DOMENICO (1980) und MAGARA (1981).

(b) Offene bzw. teilweise offene Klüfte können unter Umständen den Porenraum und damit das vorhandene Speichervolumen innerhalb einer Schichtfolge so stark vergrößern, daß selbst Sedimente mit einer geringen Matrix-Porosität für die Erdölgewinnung wirtschaftlich von Interesse sein können ('**fractured reservoirs**'). Voraussagen der möglichen Vorräte, die für die Produktionsplanung von entscheidender Bedeutung sind, erfordern genaue Kenntnisse über die Geometrie des Kluftnetzes im Bereich eines Feldes, speziell über Öffnungsweiten, Dimensionen und Häufigkeiten der auftretenden Klüfte, in Abhängigkeit von der Lithologie und der strukturellen Position. Generell sind aber auch Kenntnisse über Ursachen und Bildungsmechnismen des Kluftnetzes in einer Region schon in der Explorationsphase von Interesse, um Voraussagen über die Bereiche treffen zu können, in denen eine intensive Klüftung zu erwarten ist. Dementsprechend befaßt sich gerade auch die Erdölindustrie verstärkt mit der Entwicklung von Modellen, die die Entstehung beobachteter regionaler Klüftungsgegebenheiten qualitativ und, soweit mit den gewonnenen Daten möglich, auch quantitativ beschreiben (u. a. STEARNS & FRIEDMAN 1972, LUCAS & DREXLER 1976, NARR & CURRIE 1982, WATTS 1983 und NARR & BURRUSS 1984). Zusammenfassende Übersichten über die praktische Verfahrensweise bei der quantitativen Erfassung der aus erdölgeologischer Sicht interessanten Klüftungsparameter sowie Beschreibungen regionaler Fallbeispiele sind in den Publikationen von VAN GOLF-RACHT (1982) und NELSON (1985) enthalten.

(c) Für die Permeabilität einer geklüfteten Erdöllagerstätte sind neben allgemeinen Kluftmerkmalen wie Dimension und Öffnungsweite der vorhandenen Klüfte auch die Art, in der diese (offenen) Klüfte miteinander in Verbindung stehen ('Konnektivität', Abb. 73) sowie die Art der Kommunikation zwischen dem Matrix-Porenraum und den vorhandenen Klüften von Bedeutung. Treten Klüfte isoliert auf, wird die Permeabilität einer Schicht kaum wesentlich verändert. Bilden Klüfte bzw. Kluftscharen mit kreuzenden Kluftscharen ein durchgängiges Kluftnetz, so kann es zu einer deutlichen Permeabilitätserhöhung kommen, da dann auch entfernte Lagerstättenteile auf einfache Weise miteinander kommunizieren können. Trifft eine Bohrung auf Klüfte, die zu einem solchen weiträumigen Netzwerk gehören, sind verständlicherweise weitaus höhere Produktionsraten zu erwarten als bei einer Bohrung in einem unmittelbar angrenzenden, ungeklüfteten Bereich. Die Netzwerkgröße ist hier ein wesentlicher Parameter, der die jeweiligen Produktionsraten beeinflußt.

Seit langem bewährt hat sich in der Erdölindustrie das Verfahren, die bestehende Situation durch ein künstlich hervorgerufenes Rißsystem zu verbessern (übersicht in NELSON 1985). Standardmäßig angewendet wird hier meist die Methode des 'Hydraulic fracturing', bei der in einem abgeschlossenen Bohrlochintervall durch Einpressen von Flüssigkeiten unter hohem Druck Risse in der Bohrlochwand erzeugt werden, die sich vertikal wie lateral über beträchtliche Distanzen ausbreiten können. Kontrolliert wird die Orientierung dieser Risse von den in situ-Spannungsverhältnissen, wobei auch die bereits vorhandenen natürlichen Klüfte eine Rolle spielen können (u. a. HUBBERT & WILLIS 1957, TEUFEL 1979, GRETENER 1983).

6.3 Hydrogeologische Aspekte

Für hydrogeologische Fragestellungen ist von Bedeutung, daß offene Trennflächen die Permeabilität einer Schichtfolge beträchtlich erhöhen können. So können Festgesteine, je nach dem Grad ihrer Klüftung, gute oder weniger gute

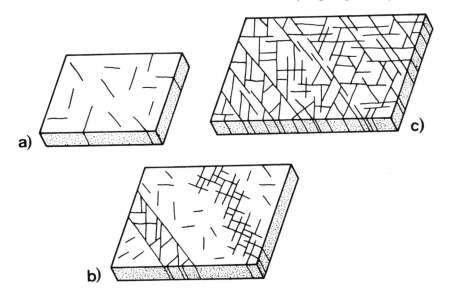

Abb. 73 Beispiele unterschiedlicher Konnektivität in einem Kluftnetz.
a) isolierte Klüfte, b) lokale, untereinander nicht verbundene Netzwerke, c) vollständige Vergitterung über den Gesamtbereich einer Schicht.

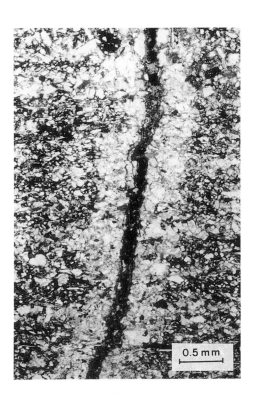

Abb. 74 Bleichungszone entlang einer zementierten Kluft in einer Dünnschliffaufnahme aus dem Buntsandstein. Steinbruch bei Deensen/Solling (Handstück aus einer Untersuchung von QUEST 1986).

Grundwasserleiter darstellen. Darüber hinaus können Klüfte auch die hydraulische Verbindung zwischen verschiedenen Grundwasserstockwerken ermöglichen. Hinweise auf Fließvorgänge in Klüften geben saumartige Bleichungszonen, die gelegentlich in den Randbereichen einer Kluft im Nebengestein zu beobachten sind (Abb. 74).

Die Eignung einer geklüfteten Schichtfolge zur Grundwassergewinnung wird vor allem durch folgende Parameter bestimmt: Dimension, Konnektivität und Öffnungsweite bzw. Grad der Zementation der auftretenden Klüfte. Für die Strömungseigenschaften innerhalb der Klufthohlräume spielt daneben auch die Oberflächenstruktur der Klüfte eine wesentliche Rolle.

Neben den positiven Auswirkungen einer intensiven Klüftung bei der Grundwassergewinnung kann die Existenz offener Klüfte bei der Lagerung von Abfallstoffen hingegen erhebliche Probleme bereiten. Aktuell ist diese Frage derzeit insbesondere im Zusammenhang mit der Diskussion über die Lagerung radioaktiver Abfälle, bei der sichergestellt sein muß, daß kontaminierte Wässer nicht in irgendeiner Weise aus dem Deponiebereich entweichen können.

Für weitergehende Darstellungen zu den genannten Punkten vgl. u. a. EISSELE (1966), DÜRBAUM, MATTHES, & RAMBOW (1969), MEIER & REUTER (1974), RISSLER (1977), HESSMANN (1982) und NAGRA (1985).

6.4 Ingenieurgeologische Aspekte

Da vorhandene Trennflächen zu einer erheblichen Verminderung der Festigkeitseigenschaften einer Gesteinsfolge führen können, sind für viele Felsbauvorhaben Kenntnisse über das bestehende Kluftnetz und dessen Auswirkungen auf das Verformungsverhalten des Gesteins in einem geplanten Bauabschnitt von außerordentlicher Bedeutung. Die genaue Kartierung der Merkmale von Klüften und Kluftscharen ist daher in vielen Fällen ein wesentlicher Bestandteil ingenieurgeologischer Untersuchungen. Hier interessieren die Orientierung der auftretenden Klüfte (relativ zur Orientierung des geplanten Projektes, beispielsweise einer Böschung), ihre Verteilung und ihre räumliche Erstreckung. Von Bedeutung ist auch die Oberflächenstruktur der Kluftflächen (diese kontrolliert zusammen mit der Materialfestigkeit das Reibungsverhalten einer Kluftfläche, den **Scherwiderstand**) und der Charakter eventueller Kluftfüllungen, durch die entweder die Reibung herabgesetzt (im Falle wasserreicher toniger Komponenten) oder aber eine Festigkeitserhöhung (im Falle kristalliner Zemente) bewirkt werden kann.

Neben den schon in Kapitel 2 erläuterten Begriffen sind zur Beschreibung des Grades der Zerklüftung in der Ingenieurgeologie traditionell folgende Begriffe gebräuchlich:

der **Kluftkörper** (oder auch 'Regelkluftkörper') stellt ein idealisiertes geometrisches Objekt dar, dessen Randflächen von Klüften der für einen Bereich typischen Kluftscharen gebildet werden. Der jeweilige Abstand zwischen zwei gegenüberliegenden, zur selben Schar gehörenden Flächen wird so gewählt, daß er dem mittleren Kluftabstand dieser Schar entspricht (Abb. 75a). Charakterisiert wird ein Kluftkörper durch Angaben über seine **Größe** (das 'Kluftkörpervolumen')

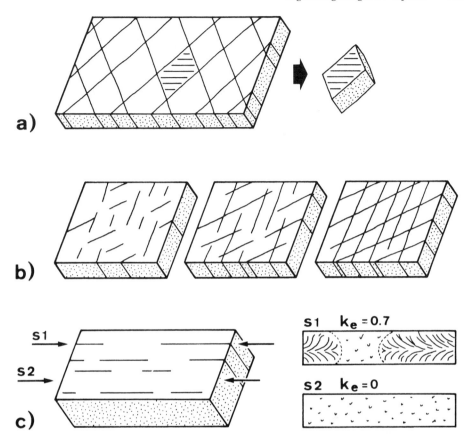

Abb. 75 Zur Definition der Begriffe 'Kluftkörper' (a), 'Kluftkörperverband' (b) und 'ebener Kluftflächenanteil' (c).

und seine **Form** (säulig, würfelig, etc.). Für die Verbandsverhältnisse im Kluftnetz (den **Kluftkörperverband**) ist neben der Abstandsverteilung der einzelnen Klüfte vor allem deren jeweilige Größe maßgebend (Abb. 75b).

Die **Klüftigkeitsziffer** gibt die Anzahl von Klüften beliebiger Orientierung wieder, die von einer Meßgeraden geschnitten werden, normiert auf eine Gerade von 1 m Länge. Die **Teilklüftigkeitsziffer** beschreibt demgegenüber die Häufigkeit von Klüften einer einzelnen Schar entlang einer Geraden, die senkrecht zum Streichen dieser Schar gerichtet ist (ist also identisch mit dem Begriff Kluftdichte).

Der **ebene Kluftflächenanteil** (oder auch Durchtrennungsgrad, PACHER 1959) kennzeichnet die Größenbeziehung zwischen geklüfteten und ungeklüftet gebliebenen Abschnitten in einer Schnittebene parallel zu einer Kluftschar (Abb. 75c). Zahlenmäßig charakterisiert wird er durch das Verhältnis zwischen der aufsummierten Größe aller in dieser Schnittebene auftretenden Klüfte und der Größe der gesamten Schnittfläche. Der Betrag dieser dimensionslosen Kennziffer kann zwischen 0 und 1 variieren (0: in der Schnittebene tritt keine Kluftfläche auf, 1: die gesamte Schnittebene wird von einer Kluftfläche eingenommen). Der **räumliche Kluftflächenanteil** errechnet sich als Produkt aus dem ebenen Kluftflächenanteil und der Kluftdichte (zur Bestimmung der genannten Größen bei der Geländekartierung vgl. die Originalarbeit von PACHER oder L. MÜLLER 1963).

Nach ihrer Dimension unterteilt L. MÜLLER (1963) Klüfte in **Klein-, Groß-** und **Riesenklüfte** nach den Größenklassen 0,1-1/1-10/10-100 m. Gemessen wird bei ingenieurgeologischen Untersuchungen durchweg die Länge der Kluftspur (Ausbißlänge) an der jeweiligen Gesteinsoberfläche.

Der **Auflockerungsgrad** einer Gesteinsfolge kann durch Messung der Kluftweiten der einzelnen Klüfte längs einer Meßgeraden näher bestimmt werden. Als Maßzahl dient dann das Verhältnis zwischen dem Gesamtbetrag der Kluftweiten und der Länge der Meßabschnittes, ausgedrückt in Prozent.

Detaillierte Hinweise zur Arbeitsmethodik bei ingenieurgeologischen Kluftnetzkartierungen sind den Lehrbüchern von L. MÜLLER (1963), PRINZ (1982) und FECKER & REIK (1987) zu entnehmen. Aktuelle Forschungsergebnisse und Anwendungsbeispiele zum Thema werden in Zeitschriften wie **Rock Mechanics** oder **International Journal of Rock Mechanics and Mineral Sciences and Geomechanics Abstracts** publiziert.

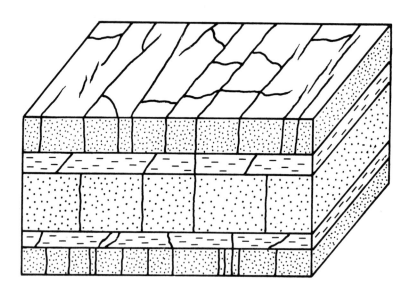

LITERATURVERZEICHNIS

ADLER, R. E. (1968): Probleme der Angewandten Tektonik im Ruhrkarbon. - Geol. Mitt., 6 (Breddin-Festschrift): 317-344; Aachen.

ADLER, R. E. (1977): Statistisch-gefügetektonische Strukturanalyse in der Montanpraxis. - In 'Tektonische Vorfelderkundung im nördlichen Ruhrkarbon Bd. III', Forsch.-Ber. Ld. Nordrh. Westf., 2657: 5-120; Opladen.

ADLER, R. E. in Zusammenarbeit mit HÖLTING, K.-J., KRAUSSE, P., KUSS, H., PAFFRATH, A., SCHRÖDER, H. & WALTER, H. (1982): Gefügemechanik im Steinkohlenbergbau - Möglichkeiten und Ergebnisse. - Z. dt. geol. Ges., 133: 457-492.

ADLER, R. E., FENCHEL, W., MARTINI, H. J. & PILGER, A. (1965): Einige Grundlagen der Tektonik II. Die tektonischen Trennflächen. - Clausthaler Tektonische Hefte, 3: 94 S.; Clausthal-Zellerfeld.

ALLEN, J. R. L. (1982): Sedimentary Structures, their Character and Physical Basis (II). - Developements in Sedimentology, 30b, 663 S.; Amsterdam (Elsevier).

ALVAREZ, W., ENGELDER, T. & LOWRIE, W. (1976): Formation of spaced cleavage and folds in brittle limestone by dissolution. - Geology, 4: 698-701.

ANDERLE, H.-J. (1983): Jungkimmerisch rotierte Kluftgefüge aus hessischen Grabenzonen. - Geol. Jb. Hessen, 111: 251-260; Wiesbaden.

ANDERSON, D. E. (1951): The dynamics of faulting. - 206 S.; Edinburgh (Oliver & Boyd).

ANGELIER, J. & COLLETTA, B. (1983): Tension fractures and extensional tectonics. - Nature, 301: 49-51.

ARNOLD, H. (1964): Zur Klüftung der Münsterländer Oberkreide. - Fortschr. Geol. Rheinld. u. Westf., 7: 611-620; Krefeld.

ARTHAUD, F. & MATTAUER, M. (1969): Exemples de stylolites d'origine tectonique dans le Languedoc, leurs relations avec la tectonique cassante. - Bull. Soc. Geol. Fr., 11: 738-744.

ASHGIREI, D. G. (1963): Strukturgeologie. - 572 S.; Berlin (VEB Deutsch. Verl. Wiss.).

ATKINSON, B. K. (1982): Subcritical crack propagation in rocks: theory, experimental results and applications. - J. Struct. Geol., 4: 41-56.

ATKINSON, B. K. (1987): Introduction to fracture mechanics and its geophysical applications. - In Atkinson, B.E.: 'Fracture Mechanics of Rocks', 1-25; London (Academic Press).

BABCOCK, E. A. (1973): Regional jointing in southern Alberta. - Can. J. Earth. Sci., 10: 1769-1781.

BABCOCK, E. A. (1974): Jointing in Central Alberta. - Can. J. Earth Sci., 11: 1181-1186.

BABCOCK, E. A. (1978): Measurement of subsurface fractures from dipmeter logs. - Bull. Am. Ass. Petrol. Geol., 62: 1111-1126.

BAHAT, D. (1987a): Jointing and fracture interactions in Middle Eocene chalks near Beer Sheva, Israel. - Tectonophysics, 136: 299-321.

BAHAT, D. (1987b): Correlation between fracture surface morphology and orientation of cross-fold joints in Eocene chalks around Beer Sheva, Israel. - Tectonophysics, 136: 323-333.

BAHAT, D. & ENGELDER, T. (1984): Surface morphology on cross-fold joints of the Appalachian Plateau, New York and Pennsylvania. - Tectonophysics, 104: 299-313.

BANKWITZ, P. (1966): Über Klüfte. II. Die Bildung der Kluftflächen und eine Systematik ihrer Strukturen. - Geologie, 15: 896-941; Berlin.

BANKWITZ, P. (1978): Über Klüfte. IV. Aspekte einer bruchphysikalischen Interpretation geologischer Rupturen. - Z. geol. Wiss., 4, 3: 301-311.

BANKWITZ, P. (1984): Über Klüfte. V. Die Symmetrie von Kluftoberflächen und ihre Nutzung für eine Paläospannungsanalyse. - Z. geol. Wiss., **12**, 3: 305-334.

BARKER, C. (1972): Aquathermal pressuring - role of temperature in developement of abnormal-pressure zones. - Bull. Am. Ass. Petrol. Geol., **56**: 2068-2071.

BARTLETT, W. L., FRIEDMAN, M. & LOGAN, J. M. (1981): Experimental folding and faulting of rocks under confining pressure. Part IX. Wrench faults in limestone layers. - Tectonophysics, **79**: 255-277.

BAUER, E. (1986): Zur Entstehung des Fundamentalen Kluftsystems. - Diss. Geowiss. Fak. Eberhard-Karls-Universität Tübingen, 193 S.; Tübingen.

BAYER, H.-J. (1982): Bruchtektonische Bestandsaufnahme der Schwäbischen Ostalb (Geländeuntersuchungen, Luftbild- und Satellitenbildauswertungen). - Diss. TU Clausthal, 235 S.; Clausthal-Zellerfeld.

BEACH, A. (1975): The geometry of en-echelon vein arrays. - Tectonophysics, **28**: 245-263.

BEACH, A. (1977): Vein arrays, hydraulic fractures and pressure solution structures in a deformed flysch sequence, S. W. England. - Tectonophysics, **40**: 201-225.

BEACH, A. (1980): Numerical models of hydraulic fracturing and the interpretation of syntectonic veins. - J. Struct. Geol., **2**: 425-438.

BEHRENS, M. & SIEHL, A. (1975): GELI 2 - Ein Rechenprogramm zur Gefüge- und Formanalyse. - Geol. Rdsch., **64**: 301- 324; Stuttgart.

BLANCHET, P. H. (1957): Developement of fracture analysis as exploration method. - Bull. Am. Ass. Petrol. Geol., **41**: 1748-1759.

BLÉS, J.-L. & FEUGA, B. (1986): The Fracture of Rocks. - 128 S.; London (North Oxford Academic Publishers).

BOCK, H. (1971): Über die Abhängigkeit von Kluftabständen und Schichtmächtigkeiten. - N. Jb. Geol. Paläont., Mh., 9: 517-531; Stuttgart.

BOCK, H. (1972): Zur Mechanik der Kluftentstehung in Sedimentgesteinen. - Veröffentl. Inst. Bodenmech. Felsmech. Univ. Karlsruhe, **53**: 1-116; Karlsruhe.

BOCK, H. (1972): Vielfache Bruchstrukturen bei einfachen Beanspruchungen. Rechnerische Untersuchungen mit Hilfe der Finite-Element-Methode. - Geol. Rdsch., **61**, 3: 824-849; Stuttgart.

BOCK, H. (1980): Das Fundamentale Kluftsystem. - Z. dt. geol. Ges., **131**: 627-650; Hannover.

BÖKE, R. (1963): Rupturen in Kreide und Karbon am Südrand des Kreidebeckens von Münster. - Forsch.-Ber. Ld. Nordrhein-Westf., Nr. **1315**, 58 S.; Hamburg.

BORRADAILE, G.J., BAYLY, M.B. & POWELL, CMcA. (1982): Atlas of Deformational and Metamorphic Rock Fabrics. - 551 S.; Berlin-Heidelberg-New York (Springer).

BRACE, W. F. (1964): Brittle fracture in rocks. - In Judd, W. R.: 'State of Stress in the Earth's Crust', 111-174; New York (Elsevier).

BRACE, W. F. & BOMBOLAKIS, E.G. (1963): A note on brittle crack growth in compression. - J. Geophys. Res., **68**: 3709-3713.

BRAUN, G. (1969): Computer calculated counting nets for petrofabric and structural analysis. - N. Jb. Miner. Mh., (**1969**)10: 469-476; Stuttgart.

BRAUN, G. (1979): Analyse tektonischer Messungen in der Steinkohle mit neuen Rechenverfahren. - Z. dt. geol. Ges., **130**: 17-39; Hannover.

BRAUN, G. (1980): Ein Mischklassenzählverfahren zur verbesserten Dichtebestimmung in Gefügediagrammen. - Z. dt. geol. Ges., **131**: 651-668; Hannover.

BRODZIKOWSKI, K. (1981): The role of dilatancy in the deformational process of unconsolidated sediments. - Ann. Geol. Soc. Pol., **51**: 83-98.

BUCHER, W. H. (1920): The mechanical interpretation of joints. - J. Geol., **28**: 707-730; Chicago.

BUCHNER, F. (1981): Rhinegraben: horizontal stylolites indicating stress regimes of earlier stages of rifting. - In Illies, H.: 'Mechanisms of graben formation', Tectonophysics, **73**: 113-118; Amsterdam.

CAIRE, A. (1975): Les joints obliques à la stratification (clinoclives) et leurs déformations dans les séries calcaires jurassiens. - Bull. Soc. géol. Fr., **17**: 231 -241.

CARSON, B. (1982): Small-scale deformation structures and physical properties related to convergence in Japan trench slope sediments. - Tectonics, **1**: 277-302.

CHARLESWORTH, H. K. A. (1968): Some observations on the age of jointing in macroscopically folded rocks. - In 'Research in Tectonics', Geol. Surv. Can. Pap., **68-52**: 125-135.

CLOOS, H. (1936): Einführung in die Geologie (Ein Lehrbuch der Inneren Dynamik). - 503 S.; Berlin (Borntraeger).

COOK, A. C. & JOHNSON, K. R. (1970): Early joint formation in sediments. - Geol. Mag., **107**: 361-368; Cambridge.

CORBETT, K., FRIEDMAN, M. & SPANG, J. (1987): Fracture developement and mechanical stratigraphy of Austin chalk, Texas. - Bull. Am. Ass. Petrol. Geol., **71**: 17-28.

COSTIN, L. S. (1987): Time-dependent deformation and failure. - In Atkinson, B. E.: 'Fracture Mechanics of Rocks', 167-216; London (Academic Press).

CURRIE, J. B. (1977): Significant geologic processes in developement of fracture porosity. - Bull. Am. Ass. Petrol. Geol., **61**: 1086-1089.

DAS GUPTA, U. & CURRIE, J. B. (1982): An application of photoelastic models to explain microfractures and joints in carbonate strata. - Can. J. Earth Sci., **20**: 1682-1693; Ottawa.

DAVIS, G. H. (1984): Structural Geology of Rocks and Regions. - 492 S.; New York (Wiley).

DENNIS, J. G. (1969): Zur genetischen Unterscheidung von gemeinen Klüften und Verschiebungen. - Geol. Rdsch., **59**: 222-228; Stuttgart.

DENNIS, J. G. (1972): Structural Geology. - 532 S.; New York (Ronald Press).

DEUTSCHE TEKTONISCHE KOMMISSION (1968-1982): Deutsches Handwörterbuch der Tektonik. 1.-9. Lieferung. - Hrsg.: Bundesanstalt für Geowissenschaften und Rohstoffe (Schweizerbart).

DONATH, F. A. (1961): Experimental study of shear failure in anisotropic rocks. - Bull. Geol. Soc. Am., **72**: 985-990.

DÜRBAUM, H. J., MATTHES, G. & RAMBOW, D. (1969): Untersuchungen der Gesteins- und Gebirgsdurchlässigkeit des Buntsandsteins in Nordhessen. - Notizbl. hess. Landesamt Bodenforsch., **97**: 258-274.

DUNN, D. E., LaFOUNTAIN, L. J. & JACKSON, R. E. (1973): Porosity dependence and mechanism of brittle fracture in sandstones. - J. Geophys. Res., **78**: 2403.

DURNEY, D. W. & RAMSAY, J. G. (1973): Incremental strains measured by syntectonic crystal growths. - In De Jong, K. A. & R. Scholten: 'Gravity and Tectonics', 67-96; New York (Wiley).

EISBACHER, G. H. (1973): In-situ Gesteinsspannungen und Mechanismen der Kluftöffnung. - Geol. Rdsch., **62**, 1: 29-53; Stuttgart.

EISSELE, K. (1966): Über Grundwasserbewegung in klüftigen Sandsteinen. - Jh. geol. Landesamt Baden-Württemberg, **8**: 105-111.

EKKERNKAMP, M. (1939): Hebung-Spaltung-Vulkanismus III. Zum Problem der älteren Anlagen in Bruchgebieten. Versuch einer experimentellen Analyse von Beispielen aus Ost- und Südafrika. - Geol. Rdsch., **30**: 713-764; Stuttgart.

ENGELDER, T. (1982): Reply to a comment on »Is there a genetic relationship between selected regional« joints and contemporary stress within the lithosphere of North America« by A.E. Scheidegger. - Tectonics, **1**: 465-470.

ENGELDER, T. (1985): Loading paths to joint propagation during a tectonic cycle: an example from the Appalachian Plateau, U.S.A. - J. Struct. Geol., **7**: 459-479.

ENGELDER, T. (1987): Joints and shear fractures in rock. - In Atkinson, B. E.: 'Fracture Mechanics of Rocks', 27-69; London (Academic Press).

ENGELDER, T. & GEISER, P. (1980): On the use of regional joint sets as trajectories of paleostress fields during the developement of the Appalachian Plateau, New York. - J. Geophys. Res., **85**: 6319-6341.

ENGELS, B. (1959): Die kleintektonische Arbeitsweise unter besonderer Berücksichtigung ihrer Anwendung im deutschen Paläozoikum. - Geotekt. Forsch., **13**: 1-129; Stuttgart.

ERNSTSON, K. & SCHINKER, M. (1986): Die Entstehung von Plumose-Kluftflächenmarkierungen und ihre tektonische Interpretation. - Geol. Rdsch., **75**: 301-322.

FECKER, E. & REIK, G. (1987): Baugeologie. - 418 S.; Stuttgart (Enke).

FEESER, V. (1983): Erscheinungsform und Genese des Kluftgefüges glazidynamisch überprägter Tone. - Z. dt. geol. Ges., **134**: 269-288.

FIEDLER, K. (1974): Linsige Zerscherung in Kalken. - Mitt. geol.-paläont. Inst. Univ. Hamburg, **43**: 173-194; Hamburg.

FRIEDEL, C.-H. (1987): Alter und Genese transversaler Stylolithen im Unteren Muschelkalk (Mittlere Trias) Thüringens/DDR. - Z. geol. Wiss., **15**: 105-116.

FRIEDMAN, M. (1969): Structural analysis of fractures in cores from the Saticoy field, Ventura County, California. - Bull. Am. Ass. Petrol. Geol., **53**: 367-389.

FRIEDMAN, M. (1972): Residual elastic strain in rocks. - Tectonophysics, **15**: 297-330.

FYFE, W. S., PRICE, N. J. & THOMPSON, A. B. (1978): Fluids in the Earth's Crust. Their significance in metamorphic, tectonic and chemical transport processes. - 383 S.; Amsterdam (Elsevier).

GALLAGHER, J. J., FRIEDMAN, M., HANDIN, J. & SOWERS, G. M. (1974): Experimental studies relating to microfractures in sandstone. - Tectonophysics, **21**: 203-247.

GAMOND, J. F. (1983): Displacement features associated with fault zones: a comparison between observed examples and experimental models. - J. Struct. Geol., **5**: 33-45.

GANGEL, L. & MURAWSKI, H. (1977): Rasterelektronenmikroskopische (Stereoscan) Untersuchungen zur genetischen Interpretation von Schlechten und Klüften im Steinkohlengebirge. - N. Jb. Geol. Paläont., Mh, 1977, **12**: 705-719; Stuttgart.

GEISER, P. A. & SANSONE, S. (1981): Joints, microfractures, and the formation of solution cleavage in limestone. - Geology, **9**: 280-285.

GRAMBERG, J. (1966): A theory on the occurrence of various types of vertical and sub-vertical joints in the earth's crust. - Proceed. 1. Congr. Int. Soc. Rock Mech., **1**: 443-450; Lissabon.

GRETENER, P. (1977): Pore pressure: Fundamentals, General Ramifications, and Implications for Structural Geology. - AAPG Education Course Note Series No. 4, 88 p. (2nd ed. 1979, 131 p.).

GRETENER, P. (1983): Remarks by a geologist on the propagation and containment of extension fractures. - Bull. Ver. schweiz. Petrol.-Geol. u. -Ing., Vol. 49, Nr. 116: 29-35.

GRIFFITH, A. A. (1924): Theory of rupture. - Proc. 1st Int. Congr. Applied Mechanics, 55-63; Delft.

GRIGGS, D. & HANDIN, J. (1966): Observations on fracture and a hypothesis of earthquakes. - In Griggs, D. & J. Handin: 'Rock Deformation', Geol. Soc. Am. Mem., **79**: 347-364.

GROSHONG Jr., R. H. (1975): Strain, fractures, and pressure solution in natural single layer folds. - Bull. Geol. Soc. Am., **86**: 1363-1376.

GROUT, M. A. & VERBEEK, E. R. (1983): Field studies of joints: insufficiencies and solutions, with examples from the Piceance Creek basin, Colorado. - Proc. 16th Oil Shale Symp., 68-80; Colorado School of Mines, Golden (Colorado).

GRUNEISEN, P., HIRLEMANN, G., JANOT, P., LILLIE, F. & RUH LAND, M. (1973): Fracturation de la couverture calcaire de structures diapiriques. Dômes salifères de Sao Mamede et du Pragosa (Plateau de Fatima, Portugal). - Sci. Geol., Bull., **26**: 187-217.

GRZEGORCZYK, D. & MILLER, H. (1987): Joint tectonics in a folded clastic succession of the Variscan orogen in the Rheinisches Schiefergebirge. - In Vogel, A., Miller, H. & R. Greiling: 'The Rhenish Massif', 95-103; Braunschweig (Vieweg & Sohn).

HANCOCK, P. L. (1969): Jointing in the Jurassic limestones of the Cotswood Hills. - Proc. Geol. Ass., **80**: 219-241.

HANCOCK, P. L. (1985): Brittle microtectonic - principles and practice. - J. Struct. Geol., **7**: 437-457.

HANDIN, J. & HAGER, R. V. (1957): Experimental deformation of sedimentary rocks under confining pressure: tests at room temperature on dry samples. - Bull. Am. Ass. Petrol. Geol., **41**: 1-50.

HANDIN, J., HAGER, R. V., FRIEDMAN, M. & FEATHER, J. (1963): Experimental deformation of sedimentary rocks under confining pressure: pore pressure tests. - Bull. Am. Ass. Petrol. Geol., **47**: 717-755.

HARRIS, J. F., TAYLOR, G. L. & WALPER, J. L. (1960): Relation of deformational fractures in sedimentary rocks to regional and local structure. - Bull. Am. Ass. Petrol. Geol., **44**: 1853-1873; Tulsa.

HAXBY, W. F. & TURCOTTE, D. L. (1976): Stresses induced by the addition or removal of overburden and associated thermal effects. - Geology, **4**: 181-184.

HENRY, J.-P. & PAQUET, J. (1976): Mechanique de la rupture des roches calcitiques. - Bull. Soc. géol. Fr., **18**: 1573-1582.

HESSMANN, W. (1982): Tektonische Beanspruchung und Verformung, strukturelle Position und Dislokationsintensität - Kriterien zur Einschätzung hydrogeologischer Verhältnisse des Gebirges. - Z. geol. Wiss., **10**: 31-52.

HILLS, E. S. (1966): Elements of Structural Geology. - 483 S.; London (Science Paperbacks).

HISS, M. (1982): Lithostratigraphie der Kreide-Basisschichten (Cenoman bis Unterturon) am Haarstrang zwischen Unna und Möhnesee (südöstliches Münsterland). - Münster. Forsch. Geol. Paläont., **57**: 59-135.

HOBBS, B. E., MEANS, W. D. & WILLIAMS, P. E. (1976): An Outline of Structural Geology. - 571 S.; New York (Wiley).

HOBBS, D. W. (1967): The formation of tension joints in sedimentary rocks: an explanation. - Geol. Mag., **104**: 551-556.

HODGSON, R. A. (1961a): Classification of structures on joint surfaces. - Am. J. Sci., **259**: 439-502.

HODGSON, R. A. (1961b): Regional study of jointing in Comb Ridge-Navajo mountain area, Arizona and Utah. - Bull. Am. Ass. Petrol. Geol., **45**: 1-38; Tulsa.

HODGSON, R. A. (1965): Genetic and geometric relations between structures in basement and overlying sedimentary rocks, with examples from Colorado plateau and Wyoming. - Bull. Am. Ass. Petrol. Geol., **49**: 935-949.

HOEK, E. & BENIAWSKI, Z. T. (1965): Fracture propagation in rock under compression. - Int. J. Fracture Mech., **1**: 137-155; Leyden.

HOEPPENER, R. (1953): Faltung und Klüftung im Nordteil des Rheinischen Schiefergebirges. - Geol. Rdsch., **41**: 128-144; Stuttgart.

HOFFERS, B. (1974): Horizontalstylolithen, Abschiebungen, Klüfte und Harnische im Gebiet des Hohenzollerngrabens und ihre Altersverhältnisse. - Oberrhein. geol. Abh., **23**: 65-73; Karlsruhe.

HOLST, T. B. & FOOTE, G. R. (1981): Joint orientation in Devonian rocks in the northern portion of the lower peninsula of Michigan. - Bull. Geol. Soc. Am., **92**: 85-93.

HUBBERT, M. K. & RUBEY, W. W. (1959): Role of fluid pressure in mechanics of overthrust faulting, I. Mechanics of fluid-filled porous solids and its application to overthrustfaulting. - Bull. Geol. Soc. Am., **70**: 115-166; New York.

HUBBERT, M. K. & WILLIS, D. G. (1957): Mechanics of hydraulic fracturing. - Trans. AIME, **210**: 153-168.

HUBER, M. & HUBER-ALEFFI, A. (1984): Das Kristallin des Südschwarzwaldes. - Technischer Bericht NAGRA NTB **84-30**: 226 S.

HUGMAN, R. H. H., III, & FRIEDMAN, M. (1979): Effects of texture and composition on mechanical behaviour of experimentally deformed carbonate rock. - Bull. Am. Ass. Petrol. Geol., **63**: 1478-1489.

JAEGER, J. C. & COOK, N. G. W. (1976): Fundamentals of Rock Mechanics (2nd ed.). - 513 S.; London (Chapman & Hall).

JAROSZEWSKI, W. (1984): Fault and Fold Tectonics. - Ellis Horwood series in geology, 565 S.; Chichester (Ellis Horwood).

KENDALL, P. F. & BRIGGS, H. (1933): The formation of rock joints and the cleat in coal. - Proceed. Roy. Soc. Edinburgh, **53**: 164-187; Edinburgh.

KIRALY, L. (1969): Statistical analysis of fractures (orientation and density). - Geol Rdsch., **59**: 125-151; Stuttgart.

KOWALD, P. (1984): Strukturgeologische Untersuchungen im Übergangsbereich Rheinisches Schiefergebirge - Münstersche Kreidebucht. - Diss. Inst. f. Geol. Paläont. TU Clausthal, 148 S.; Clausthal-Zellerfeld.

KRONBERG, P. (1984): Photogeologie. Eine Einführung in die Grundlagen und Methoden der geologischen Auswertung von Luftbildern. - 268 S.; Stuttgart (Enke).

KRUCK, W. (1974): Querplattung im Muschelkalk Nordwestdeutschlands. - Mitt. geol.-paläont. Inst. Univ. Hamburg, **43**: 127-172; Hamburg.

KRÜCKEBERG, F. (1968): Eine Programmiersprache für gefügekundliche Arbeiten. - Clausthaler Tektonische Hefte, **8**: 7-53; Clausthal-Zellerfeld.

LA POINTE, P. R. & HUDSON, J. A. (1985): Charakterization and interpretation of rock mass joint patterns. - Geol. Soc. Am. Spec. Paper, **199**: 37 S.

LADEIRA, F. L. & PRICE, N. J. (1981): Relationship between fracture spacing and bed thickness. - J. Struct. Geol., **3**: 179-183.

LAJTAI, E. Z. (1977): A mechanistic view of some aspects of jointing in rocks. - Tectonophysics, **38**, 3/4: 327-338.

LAJTAI, E. Z. & ALISON, J. R. (1979): A study of residual stress effects in sandstone. - Can. J. Earth Sci., **26**: 1547-1457.

LANDOLT-BÖRNSTEIN (1982): Physical Properties of Rocks, Volume I (Subvolume b). - 604 S.; Berlin-Heidelberg-New York (Springer).

LAUBSCHER, H. (1979): Elements of Jura kinematics and dynamics. - Eclogae geol. Helv., **72**, 2: 467-483; Basel.

LAWN, B. R. & WILSHAW, T. R. (1975): Fracture of brittle solids. - 204. S.; Cambridge (Cambridge University Press).

LEDDRA, M. J., YASSIR, N. A., JONES, C. & JONES, M. E. (1987): Anomalous compressional structures formed during diagenesis of a dolostone at Kimmeridge Bay, Dorset. - Proc. Geol. Ass., **98**: 145-155.

LETOUZEY, J. & TRÉMOLIERES, P. (1980): Paleo-stress fields around the Mediterranean since the Mesozoic from microtectonics. Comparison with plate tectonic data. - Rock Mechanics, **9**: 173-192; Wien-New York.

LOCKNER, D. & BYERLEE, J. D. (1977): Hydrofracture in Weber sandstone at high confining pressure and differential stress. - J. Geophys. Res., **82**, 14.

LOTZE, F. (1933): Zur Klärung der tektonischen Klüfte. - Zbl. Mineral. Geol. Paläont., Abt. B, (**1933**) 4: 193-199; Stuttgart.

MAGARA, K. (1981): Mechanisms of natural fracturing in a sedimentary basin. - Bull. Am. Ass. Petrol. Geol., **65**: 123-132.

MAIER, G. & MÄKEL, G. (1982): The geometry of the joint pattern and its relation with fold structures in the Aywaille area (Ardennes, Belgium). - Geol. Rdsch., **71**, 2: 603-616; Stuttgart.

MALTMAN, A. (1984): On the term "soft-sediment" deformation. - J. Struct. Geol., **6**: 589-592.

MANDL, G. (1987a): Discontinous fault zones. - J. Struct. Geol., **9**: 105-110.

MANDL, G. (1987b): Tectonic deformation of rotating parallel faults - the "bookshelf" mechanism. - Tectonophysics, **141**: 277-316.

MANDL, G. & CRANS, W. (1981): Gravitational gliding in deltas. - In McClay, K. & N. J. Price: 'Thrust and Nappe Tectonics', Geol. Soc. Spec. Publ., **9**: 41-55.

MANDL, G. & HARKNESS, R. M. (1987): Hydrocarbon migration by hydraulic fracturing. - In Jones, M. E. & R. M. S. Preston: 'Deformation of Sediments and Sedimentary Rocks', Spec. Publ. Geol. Soc. Lond., **29**: 39-53.

MATTAUER, M. (1973): Les déformations des matériaux de l'écorce terrestre. - 493 S.; Paris (Hermann).

MCEWEN, T. J. (1981): Brittle deformation in pitted pebble conglomerates. - J. Struct. Geol., **3**: 25-37.

MCGARR, A. (1980): Some constraints on levels of shear stress in the crust from observations and theory. - J. Geophys. Res., **85**: 6231-6238.

MCGILL, G. E. & STROMQUIST, A. W. (1979): The grabens of Canyonlands National Park, Utah: geometry, mechanics, and kinematics. - J. Geophys. Res., **84**: 4547-4563.

MCQUILLAN, H. (1973): Small-scale fracture density in Asmari Formation of southwest Iran and its relation to bed thickness and structural setting. - Bull. Am. Ass. Petrol. Geol., **57**: 2367-2385.

MEANS, W. D. (1976): Stress and Strain. - 339 S.; New York (Springer).

MEIER C. & MEIER, D. (1988): PCTEK - ein menügesteuertes PASCAL-Programm zur Auswertung von Gefügedaten. - Clausthal-Zellerfeld.

MEIER, D. (1984): Zur Tektonik des schweizerischen Tafel- und Faltenjura (regionale und lokale Strukturen, Kluftgenese, Bruch- und Faltentektonik, Drucklösung). - Clausthaler Geowiss. Diss., **14**, 75 S., Clausthal-Zellerfeld.

MEIER, D. (1985): Untersuchungen über Erscheinungsformen, Gesetzmäßigkeiten und die Entstehung tektonischer Trennflächen in Lockersedimenten. - Abschlußbericht zum DFG-Forschungsvorhaben Kr 273/33-1, Inst. f. Geol. u. Paläont. TU Clausthal, 74 S.; Clausthal-Zellerfeld.

MEIER, D. (1988): Numerische Untersuchungen zur Klufttektonik. - Abschlußbericht zum DFG-Forschungsvorhaben Kr 273/38-1,2, Inst. f. Geol. u. Paläont. TU Clausthal; Clausthal-Zellerfeld.

MEIER, G. & REUTER, F. (1974): Über den hydrodynamisch wirksamen Kluftkörper. - Z. angew. Geol., **20**: 516-520.

METZ, K. (1967): Lehrbuch der Tektonischen Geologie. - 2. Aufl., 357 S.; Stuttgart (Enke).

MISIK, M. (1971): Observations concerning calcite veinlets in carbonate rocks. - J. sedim. Petrol., **41**: 450-460.

MÖBUS, G. (1982): Methodik der tektonischen Bearbeitung des Kernmaterials von Bohrungen. - 160 S., Leipzip (VEB Dt. Verl. Grundstoffind.)(Freiberger Forsch.-H., C372).

MOELLE, K. H. R. (1977): On a geometrical relationship between some primary sedimentary structures and diagenetically formed fracture systems. - Proc. Int. Conf. Fracture Mech. Techn., 381-392; Leyden (Noordhoff).

MUECKE, G. K. & CHARLESWORTH, H. A. K. (1966): Jointing in folded Cardium Sandstones along the Bow River, Alberta. - Can. J. Earth. Sci., **3**: 579-596.

MUEHLBERGER, W. R. (1961): Conjugate joint sets of small dihedral angle. - J. Geology, **69**: 211-219.

MÜLLER, B. (1980): Die Häufigkeit von Trennflächen im Festgestein. - Z. geol. Wiss., **8**: 245-264; Berlin.

MÜLLER, L. (1950): Der Kluftkörper. - Geol. u. Bauwesen, **18** (1): S. 57; Wien.

MÜLLER, L. (1963): Der Felsbau, Bd. 1. - 624 S.; Stuttgart (Enke).

MÜLLER, L. & FECKER, E. (1978): Be- und Entlastungsverhalten zweischarig geklüfteter Modelle. - Jahresber. SFB 77-Felsmechanik: 31-43; Karlsruhe.

MÜLLERRIED, F. (1921): Klüfte, Harnische und Tektonik der Dinkelberge und des Basler Tafeljuras. - Verh. naturhist.-med. Ver. Heidelbg. N.F., **15**: 1-46; Heidelberg.

MURAWSKI, H. (1959): Zur Frage durchgepauster Tektonik. - Geol. Rdsch., **48**: 260-271; Stuttgart.

MURAWSKI, H. (1979): Das Steinkohlenflöz als tektonischer Körper. - Z. dt. geol. Ges., **130**: 1-14; Hannover.

MURRAY, F. N. (1967): Jointing in sedimentary rocks along the Grand Hogback Monocline, Colorado. - J. Geol., **75**: 340-350.

MURRAY, G. H. (1968): Quantitative fracture study-Spanish Pool, McKenzie County, North Dakota. - Bull. Am. Ass. Petrol. Geol., **52**: 57-65.

NABHOLZ, W. H. (1956): Untersuchungen über Faltung und Klüftung im nordschweizerischen Jura. - Eclogae geol. Helv., **49**, 2: 373-406; Basel.

NAGRA (1985): Sondierbohrung Böttstein/ Untersuchungsbericht. - Technischer Bericht NAGRA NTB **85-01**: 190 S.

NARR, W. & BURRUSS, R. C. (1984): Origin of reservoir fractures in Little Knife field, North Dakota. - Bull. Am. Ass. Petrol. Geol., **68**,: 1087-1100.

NARR, W. & CURRIE, J. B. (1982): Origin of fracture porosity - Example from Altamont field, Utah. - Bull. Am. Ass. Petrol. Geol., **66**: 1231-1247.

NARR, W. & LERCHE, I. (1984): A method for estimating subsurface fracture density in core. - Bull. Am. Ass. Petrol. Geol., **68**: 637-648.

NAYLOR, M. A., MANDL, G. & SIJPESTEIJN, C. H. K. (1986): Fault-geometries in basement-induced wrench faulting under different initial stress states. - J. Struct. Geol., **8**: 737-752.

NELSON, R. A. (1981): Significance of fracture sets associated with stylolite zones. - Bull. Am. Ass. Petrol. Geol., **65**: 2417-2425.

NELSON, R. A. (1985): Geologic Analysis of naturally fractured Reservoirs. - 256 S.; London (Gulf Publishing Company).

NELSON, R. A. & STEARNS, D. W. (1977): Interformational control of regional fracture orientations. - Rocky Mountain Association of Geologists Guidebook, 95-101.

NELSON, R. B. & LINDSLEY-GRIFFIN, N. (1987): Biopressured carbonate turbidite sediments: a mechanism for submarine slumping. - Geology, **15**: 817-820.

NICHOLSON, R. & EJIOFOR, I. B. (1987): The three-dimensional morphology of arrays of echelon and sigmoidal mineralfilled fractures: data from North Cornwall. - J. geol. Soc. Lond., **144**: 79-84.

NICHOLSON, R. & POLLARD, D. D. (1985): Dilation and linkage of echelon cracks. - J. Struct. Geol., **7**, 5: 583-590.

NICKELSEN, R. P. & HOUGH, V. N. D. (1967): Jointing in the Appalachian plateau of Pennsylvania. - Bull. Geol. Soc. Am., **88**: 609-630; New York.

NORRIS, D. K. (1967): Structural analysis of the Queensway folds, Ottawa, Canada. - Can. J. Earth Sci., **4**: 299-321.

NUR, A. (1982): The origin of tensile fracture lineaments. - J. Struct. Geol., **4**: 31-40.

PACHER, F. (1954): Konstruktion des Kluftkörpers. - Geol. Bauwesen, **21**: 87-89.

PALCIAUSKAS, V. V. & DOMENICO, P. A. (1980): Microfracture developement in compacting sediments, relation to hydrocarbon-maturation kinetics. - Bull. Am. Ass. Petrol. Geol., **64**: 927-937.

PARKER, J. M. (1942): Regional systematic jointing in slightly deformed sedimentary rocks. - Bull. Geol. Soc. Am., **53**: 381-408.

PARKER GAY, S. (1973): Pervasive orthogonal fracturing in the Earth's continental crust. - Techn. Publ., **2**: 121 S.; Salt Lake City, Utah (American Stereo Map Co.).

PATERSON, M. S. (1978): Experimental Rock Deformation - The Brittle Field. - 254 S.; Heidelberg (Springer).

PETERSS, K. (1980): Klüfte - Merkmale, Entstehungsdeutungen, ihre Verwendbarkeit für die Rekonstruktion von Spannungen sowie ihre Bedeutung für die Erdöl-Erdgas-Industrie. - Z. geol. Wiss., **8**, 7: 853-877; Berlin.

PITMAN, J. K. & SPRUNT, E. S. (1984): Origin and occurance of fracture-filling cements in the Upper Cretaceous Mesaverde Formation at MWX, Piceance Creek basin, Colorado. - U.S. Geol. Survey Open-File Report OF 84-0757: 87-101.

PLESSMANN, W. (1972): Horizontal-Stylolithen im französisch-schweizerischen Tafel- und Faltenjura und ihre Einpassung in den regionalen Rahmen. - Geol. Rdsch., 61: 332-347; Stuttgart.

PHILLIPS, W. J. (1972): Hydraulic fracturing and mineralisation. - J. geol. Soc. Lond., 128: 337-359.

POHN, H. A. (1981): Joint spacing as a method of locating faults. - Geology, 9: 258-261.

POLLARD, D. D. & SEGALL, P. (1987): Theoretical displacements and stresses near fractures in rock: with applications to faults, joints, veins, dikes, and solution surfaces. - In Atkinson, B. E.: 'Fracture Mechanics of Rocks', 277-349; London (Academic Press).

POLLARD, D. D., SEGALL, P. & DELANEY, P. T. (1982): Formation and interpretation of dilatant echelon cracks. - Bull. Geol. Soc. Am., 93: 1291-1303.

PRATS, A. (1981): Effect of burial history on the subsurface horizontal stresses of formations having different material properties. - J. Soc. Petrol. Eng. AIME, 21: 658-662.

PRICE, N. J. (1959): Mechanics of jointing in rocks. - Geol. Mag., 96: 149-167.

PRICE, N. J. (1966): Fault and joint developement in brittle and semi-brittle rock. - 176 S.; London (Pergamon).

PRICE, N. J. (1974): The developement of stress systems and fracture patterns in undeformed sediments. - Proceed. 3rd Congr. Int. Soc. Rock Mech. Denver, 1A: 487-496; Washington.

PRICE, N. J. & HANCOCK, P. L. (1972): Developement of fracture cleavage and kindred structures. - Proc. 24th Int. Geol. Congr. Sect. 3: 584-592.

PRINZ, H. (1982): Abriß der Ingenieurgeologie. - 419 S.; Stuttgart (Enke).

QUADE, H. (1984): Die Lagenkugelprojektion in der Tektonik. Das SCHMIDTsche Netz und seine Anwendung. - Clausthaler Tektonische Hefte, 20: 197 S.; Clausthal-Zellerfeld.

QUEST, A. (1986): Klüfte in Sedimentgesteinen - Untersuchungen im Dünnschliffbereich. - Diplomarbeit Inst. f. Geol. u. Paläont. TU Clausthal, 83 S.; Clausthal-Zellerfeld.

RAHN, W. (1981): Zum Einfluß der Gesteinsanisotropie und des bruchbedingten nichtlinearen Materialverhaltens auf die Ergebnisse von Spannungsmessungen im Bohrloch. - Bochumer geol. geotechn. Arb., 5: 209 S.; Bochum.

RAMSAY, J. G. (1967): Folding and Fracturing of Rocks. - 568 S.; New York (McGraw-Hill).

RAMSAY, J. G. (1980): Shear zone geometry: a review. - J. Struct. Geol., 2: 83-99.

RAMSAY, J. G. (1980): The crack-seal mechanism of rock deformation. - Nature, Vol. 284, No. 5752: 135-139.

RAMSAY, J. G. (1982): Rock ductility and its influence on the developement of tectonic structures in mountain belts. - In Hsü, K. J.: Mountain Building Processes, 111-128; London (Academic Press).

RAMSAY, J. G. & HUBER, M. I. (1983): The Techniques of Modern Structural Geology, Volume I. Strain Analysis. - S. 1-307; London (Academic Press).

RAMSAY, J. G. & HUBER, M. I. (1987): The Techniques of Modern Structural Geology, Volume II. Folds and Fractures. - S. 308-700; London (Academic Press).

RECHES, Z. (1976): Analysis of jointing in two monoclines in Israel. - Bull. Geol. Soc. Am., 87: 1654-1662.

REHRIG, W. A. & HEIDRICK, T. L. (1972): Regional fracturing in Laramide stocks of Arizona and its relationship to porphyry copper mineralization. - Economic Geol., 67: 198-213.

REIK, G. A. & CURRIE, J. B. (1974): A study of relations between rock fabric and joints in sandstone. - Can. J. Earth. Sci., 11: 1253-1268; Ottawa.

REIK, G. & VARDAR, M. (1974): Bestehen Zusammenhänge zwischen residuellen Spannungen und tektonischer Beanspruchung? - Rock Mech., 6: 101-116.

RICHTER, H.-C. (1980): Mögliche Gesetzmäßigkeiten im Auftreten und in der Ausbildung strukturgeologischer Parameter. - Z. geol. Wiss., 3: 283-294.

RIEDEL, W. (1929): Zur Mechanik geologischer Brucherscheinungen. Ein Beitrag zum Problem der "Fiederspalten". - Centralbl. Min. Geol. Pal., Abt. B., **1929**: 354-368; Stuttgart.

RISSLER, P. (1977): Bestimmung der Wasserdurchlässigkeit von klüftigem Fels. - Veröff. Inst. Grundbau, Bodenmech., Felsmech. u. Verkehrswasserbau RWTH Aachen, **5**, 144 S.; Aachen.

ROBERTS, J. C. (1961): Feather-fracture and the mechanics of rock jointing. - Am. J. Sci., **259**: 481-492.

RUHLAND, R. (1973): Méthode d'étude de la fracturation naturelle des roches, associée a divers modèles structuraux. - Sci. Géol., Bull., **26**: 91-113; Strasbourg.

SANDER, B. (1930): Gefügekunde der Gesteine. - 352 S.; Wien (Springer).

SANFORD, A. R. (1959): Analytical and experimental study of simple geological structures. - Bull. Geol. Soc. Am., **70**: 19-52.

SANGREE, J. B. (1969): What you should know to analyze core fractures. - World Oil, **April 1969**: 69-72.

SCHEIDEGGER, A. E. (1977): Kluftmessungen im Gelände und ihre Bedeutung für die Bestimmung des tektonischen Spannungsfeldes in der Schweiz. - Geographica Helv., **32**, 3: 121-134.

SCHMIDT-THOME, P. (1972): Lehrbuch der Allgemeinen Geologie, Bd. II, Tektonik. - 579 S.; Stuttgart (Enke).

SCHÖPFER, H.-C. (1986): Quantitative numerische Untersuchungen zur Anlage von Kluftsystemen in Sedimentfolgen. - Studienarbeit, Inst. f. Geophysik TU Clausthal, 49 S.; Clausthal-Zellerfeld.

SCHRADER, F. (1987): Tektonische Deformation von Molasse-Geröllen - Erscheinung, kinematische Interpretation und regionales Gefüge. - Diss. Univ. Bonn, 135 S.; Bonn.

SCHWARZ, H.-U. (1975): Sedimentary structures and facies analysis of shallow marine carbonates (Lower Muschelkalk, Middle Triassic, Southwestern Germany). - Contrib. Sediment., **3**: 100 S.; Stuttgart.

SECOR, D. T. (1965): The role of fluid pressure in jointing. - Amer. J. Sci., **263**: 633-646; New Haven.

SECOR, D. T. (1968): Mechanics of natural extension fracturing at depth in the earth's crust. - In 'Research in Tectonics', Geol. Surv. Can. Pap., **68-52**: 3-48.

SEGALL, P. (1984): Formation and growth of extensional fracture sets. - Bull. Geol. Soc. Am., **95**: 454-462.

SEGALL, P. & POLLARD, D. D. (1983a): Nucleation and growth of strike slip faults in granite. - J. Geophys. Res., **88**: 555-568.

SEGALL, P. & POLLARD, D. D. (1983b): Joint formation in granitic rock of the Sierra Nevada. - Geol. Soc. Am. Bull., **94**: 563-575.

SHAININ, V. E. (1950): Conjugate sets of en echelon tension fractures in the athens limestone at Riverton, Virginia. - Bull. Geol. Soc. Am., **61**: 509-517.

SIBSON, R. H. (1981): Controls on low-stress hydro-fracture dilatancy in thrust, wrench and normal fault terrains. - Nature, **289**: 665-667.

SKEMPTON, A. W., SCHUSTER, R. L. & PETLEY, D. J. (1961): Joints and fissures in the London clay at Wraysbury and Edgeware. - Geotechnique, **19**: 205-217.

SOWERS, G. M. (1973): Theory of spacing of extension fractures. - Engng. Geol. Case Hist., **9**: 27-53.

STEARNS, D. W. & FRIEDMAN, M. (1972): Reservoirs in fractured rock. - In 'Stratigraphic Oil and Gas Fields', Am. Ass. Petrol. Geol. Mem., **16**: 82-100.

SUPPE, J. (1985): Principles of Structural Geology. - 573 S.; New Yersey (Prentice-Hall).

SYME GASH, P. J. (1971): A study of surface features relating to brittle and semi-brittle fracture. - Tectonophysics, **12**: 349-391.

TCHALENKO, J. S. (1970): Similarities between shear zones of different magnitudes. - Bull. Geol. Soc. Am., **81**: 1625-1640.

TERZAGHI, K. (1923): Die Berechnung der Durchlässigkeitsziffer des Tones aus dem Verlauf der hydrodynamischen Spannungserscheinungen. - Sitz. Akad. Wiss., Wien, Math.- Naturwiss. Kl., Abt. IIa, **132**: 125-138; Wien.

TERZAGHI, R. D. (1965): Sources of error in joint surveys. - Geotechnique, **15**: 287-304.

TEUFEL, L. W. (1979): An experimental study of fracture propagation in layered rock. - Dissertation, 99 S., Texas A&M Univ., College Station.

THEISSEN, J. (1983): Erscheinungsformen und Gesetzmäßigkeiten tektonischer Trennflächen als Schnittlineare mit SS. Untersuchungen im Paläozoikum des Oberharzes. - Dipl.- Arbeit Inst. f. Geol. u. Paläont. TU Clausthal, 94 S.; Clausthal-Zellerfeld.

TRURNIT, P. (1967): Morphologie und Entstehung diagenetischer Drucklösungserscheinungen. - Geol Mitt., **7**: 173-204; Aachen.

TURCOTTE, D. L. & SCHUBERT, G. (1982): Geodynamics-Application of Continuum Physics to Geological Problems. - 450 S.; New York (Wiley).

VAN GOLF-RACHT, T. D. (1982): Fundamentals of fractured reservoir engineering. - Developements in petroleum science, **12**, 710 S.; Amsterdam (Elsevier).

VÖGTLI, B. (1985): Kluftmusteranalyse im Bereich der Rheintalflexur bei Basel und des angrenzenden Tafeljura. - Diss. Phil.-Naturwiss. Fak. Univ. Basel, 196 S.; Basel.

VOIGHT, B. & St. PIERRE, B. (1974): Stress history and rock stress. - Proceed. 3rd Congr. Int. Soc. Rock. Mech., II A: 580-582; Washington.

WAGNER, G. H. (1964): Kleintektonische Untersuchungen im Gebiet des Nördlinger Rieses. - Geol. Jb., **81**: 519-600; Hannover.

WALLBRECHER, E. (1986): Tektonische und gefügeanalytische Arbeitsweisen. - 244 S.; Stuttgart (Enke).

WARBURTON, P. M. (1980): A stereological interpretation of joint trace data. - Int. J. Rock Mech. Min. Sci., **13**: 103-112.

WATTS, N. L. (1982): Microfractures in chalks of Albuskjell Field, Norwegian Sector, North Sea, possible origin and distribution. - Bull. Am. Ass. Petrol. Geol., **67**: 201-234.

WEBER, K. (1980): Anzeichen abnormal hoher Porenlösungsdrucke am Beginn der Faltung im Rheinischen Schiefergebirge. - Z. dt. geol. Ges., **131**: 605-625; Hannover.

WEBER, K. (1981): Methoden der Gefügekunde. - In Bender, F. 'Angewandte Geowissenschaften Bd. I', 130-153; Stuttgart (Enke).

WHEELER, R. L. & HOLLAND, S. M. (1980): Style elements of systematic joints: an analytic procedure with a field example. - Proc. 3rd Intern. Conf. Basement Tectonics, 393-404; Denver.

WILCOX, R. E., HARDING, T. P. & SEELY, D. R. (1973): Basic wrench tectonics. - Bull. Am. Ass. Petrol. Geol., **57**: 74-96.

WILLIAMS, G. & CHAPMAN, I. (1983): Strains developed in the hangingwalls of thrusts due to their slip/propagation rate: a dislocation model. - J. Struct. Geol., **5**: 563-571.

WINSOR, C. N. (1979): The correlation of fracture directions with sediment anisotropy in folded rocks of the Delamerian fold belt at Port Germein gorge, South Australia. - J. Struct. Geol., **1**: 245-254.

WISE, D. U. & McCRORY, T. A. (1982): A new method of fracture analysis: azimuth versus traverse distance plots. - Bull. Geol. Soc. Am., **93**: 889-897.

WITHJACK, M. O. & SCHEINER, C. (1982): Fault patterns associated with domes. An experimental and analytical study. - Bull. Am. Ass. Petrol. Geol., **66**: 302-316.

WOODWORTH, J. B. (1897): On the fracture systems of joints, with remarks on certain great fractures. - Boston Soc. Nat. History Proc., **27**: 163-182.

Sachregister